Chris Lukhaup / Reinhard Pekny (Hrsg.) • Nano-Fibel

Fotos: Dennerle

Chris Lukhaup/Reinhard Pekny (Hrsg.)

# Nano-Fibel

## Faszinierende Mini-Aquarien für Einsteiger

Mit Beiträgen von:

Alexandra Behrendt
Friedrich Bitter
Werner Klotz
Oliver Knott
Chris Lukhaup
Reinhard Pekny

**Bibliografische Information der Deutschen Bibliothek**

Die Deutsche Bibliothek verzeichnet diese Publikation in der Deutschen Nationalbibliografie; detaillierte bibliografische Daten sind im Internet über http://dnb.ddb.de abrufbar.

ISBN 978-3-935175-44-9


Layout: Daniela Gröbel
Druck: Himmer, Augsburg
Printed in Germany

Foto: Dennerle

# Inhalt

# Vorwort

Ein neuer Trend ist geboren: Nano-Aquaristik. Angebliche Kenner halten die Mini-Aquarien ja für die Erfindung eines sympathischen Japaners namens Nano, der in Anlehnung an die traditionelle Bonsai-Kunst wohl auf die Idee kam, Miniatur-Aquarien zu bauen. Diese Annahme gehört aber ganz sicher ins Land der Legende. Der Begriff Nano leitet sich schlicht und einfach vom altgriechischen nannos (Zwerg) bzw. dem lateinischen nanus (klein) ab. Es handelt sich bei der Nano-Aquaristik also um die Pflege von Kleinaquarien, die in der Regel zwischen 10 und 50 Liter fassen.

Nano-Becken sind grundsätzlich keine neue Erfindung. Aber die vielfältigen Möglichkeiten der heute im Handel befindlichen Nano-Aquarien haben zu diesem Run geführt. Die Becken sind ansprechend gestaltet und müssen selbst in einem durchgestylten Wohnzimmer oder Büro kein Fremdkörper sein. Die technische Ausstattung ist platzsparend, effektiv und unauffällig. Und zu guter Letzt sind die für diese Form der Aquaristik besonders geeigneten Wirbellosen eher anspruchslose und widerstandsfähige und dennoch ganz faszinierende Wesen.

Beim Krebsfang in Mexiko.

Für machen mögen die Mini-Aquarien eine „Einstiegsdroge" in die geheimnisvolle Welt der Aquaristik sein. Ein klassisches Anfängerthema oder „Aquaristik im Light-Format" sind sie sicher nicht. Die Wassermenge und der Besatz sind verhältnismäßig klein. Wenn es in so einem System Probleme gibt, dann sind schnell sämtliche Bewohner eines Beckens oder auch die Pflanzen dahingerafft. Ein Kinderspiel ist Aquaristik in keinem Fall. Auch nicht, wenn sie so „mini" daherkommt. Damit sie gelingt, gibt dieses Buch die richtigen Tipps für den optimalen Start. Kundige Leute haben ihr Wissen für Dich hier zusammengetragen. Wir möchten, dass es Deine Tiere und Pflanzen gut bei Dir haben und Du viel und lange Spaß an diesem spannenden und faszinierenden Hobby hast.

Dank an alle, die dieses Projekt unterstützt haben. Und nun viel Spaß beim Lesen.

Die Herausgeber Chris & Reini

Die beiden Herausgeber Chris Lukhaup und Reinhard Pekny.

# Aller Anfang ist Technik

Je nachdem, welche Lebewesen Sie in einem Nano-Becken pflegen wollen, sind auch die technischen Anforderungen sehr unterschiedlich. Dies reicht von „techniklosen" Becken auf der Fensterbank bis hin zu technisch aufwändigen Ausführungen. Einige Hersteller haben sich auch auf diesem Sektor ihre Gedanken gemacht und bieten unterschiedlich ausgestattete Sets an, die von der Grundausstattung bis hin zu umfangreichen Komplett-Ausführungen reichen.

Ein gut gestaltetes Nano-Becken wird zum optischen Highlight einer jeden Wohnung.

Fotos: Dennerle

Bei allen Verschiedenheiten in der technischen Ausstattung kommt man um einige grundlegende Nachteile des kleinen Wasserkörpers nicht herum. Dies ist einerseits die physikalische Tatsache, dass sich kleine Wassermengen leicht erwärmen und abkühlen und daher die Einhaltung einer konstanten Temperatur schwierig ist, falls die Umgebungstemperatur stark schwankt. Daher ist der notwendige technische Aufwand nicht nur von den gepflegten Lebewesen sondern auch vom Aufstellort wesentlich abhängig.

## Standortwahl

Die Planung des richtigen Standorts ist zentral für den erfolgreichen Betrieb eines Aquariums. Auch hier stellt das Nano-Becken seine besonderen Anforderungen. Der gewählte Standort sollte relativ dunkel sein.

Zumindest muss eine direkte Sonneneinstrahlung in das Becken vermieden werden, damit es nicht zu ungewünschter Algenbildung oder Überhitzung kommt. Eine glatte und stabile Unterlage, die auch einmal einen Wasserspritzer abbekommen darf, ist ebenfalls wichtig.

Auf jeden Fall aber sollten Sie das Becken so platzieren, dass Sie die notwendigen Pflegearbeiten problemlos verrichten können, ohne jedes Mal die Wohnung oder das Büro umräumen zu müssen. Und natürlich muss das Becken für Sie jederzeit gut einsehbar sein, damit Sie oft und mühelos das spannende Leben beobachten können und viel Freude am Wachsen und Gedeihen Ihrer Mini-Wasserwelt haben.

## Es geht auch ohne Technik?

Als Extrembeispiel eines techniklosen „Nano-Aquariums" kann man die unter dem Namen „Ecosphere" angebotenen verschlossenen Glaskugeln mit darin lebenden Garnelen der Art *Halocaridina rubra* anführen. Diese Art von „Aquaristik" ist natürlich abzulehnen, aber dieses Produkt zeigt, dass auch in kleinsten Wasserkörpern ein Gleichgewicht über längere Zeit aufrecht erhalten werden kann.

Foto: Ecoshere

Die geschlossenen sogenannten „Ecosphere"-Behälter werden von vielen Aquarianern als nicht sachgemäß und artgerecht abgelehnt..

Natürlich ist es besser, wenn man in ein System eingreifen kann, wenn etwas aus dem Ruder läuft. Bei techniklosen, offenen Kleinstaquarien kann man allein durch einen regelmäßigen Wasserwechsel schon die größten Katastrophen vermeiden. Ein Wasserwechsel muss natürlich mit passendem Wasser durchgeführt werden (siehe S. 24).

Ein großes Problem im techniklosen Becken ist die Lichtversorgung. Werden Pflanzen gepflegt, benötigt man ausreichend Licht, also ist ein dunkler Standort ohne Sonne nicht geeignet. Sobald aber Sonnenlicht direkt auf das Becken fällt, kommt es zu starken Temperaturschwankungen. Bei allen Lebewesen, die relativ gleichmäßige Temperatur für ihr Wohlbefinden brauchen, ist daher eine Aufstellung mit direkter Sonneneinstrahlung ungeeignet. Lebewesen, die in techniklosen, besonnten Nano-Becken gut zurecht kommen,

Urzeitkrebse sind für techniklose Becken gut geeignet.

sind z.B. Vertreter der Urzeitkrebse, wie *Triops* oder verschiedene Feenkrebse (*Anostraken*). Da sie in ihrer Jugendentwicklung ausreichend Phytoplankton benötigen, ist Sonnenlicht die wichtigste Futterquelle. Wenn man die doch recht groß werdenden *Triops*-Arten aufzieht und mehrere Tiere heranwachsen, empfiehlt es sich in kleinen Becken allerdings, zumindest eine Belüftung zu installieren.

## Belüftung

Einfachstes technisches Hilfsmittel ist eine Belüftung des Beckens mittels einer Membranpumpe. Selbst die schwächsten angebotenen Pumpen fördern allerdings eine Luftmenge, die für Nano-Becken zu groß wäre. Man muss daher die Luftmenge regulieren, was an manchen Pumpen durch ein Regelventil möglich ist. Wenn eine solche Regulierung nicht vorhanden ist, sollte man den Gegendruck nicht alleine durch die im Handel angebotenen Klemmen erhöhen, da sich der „Arbeitsaufwand" der Membranpumpe dadurch unnötigerweise steigern würde. Besser ist es, einen regelbaren T-Stück-Verteiler anzubringen und nur einen Teil der Luftmenge ins Becken zu leiten. Man kann einen kleinen Ausströmstein anbringen, wenn man feine Luftperlen erzeugen will oder aber nur das Schlauchende beschweren oder in Bodennähe befestigen um einzelne, große Blasen aufsteigen zu lassen. Die zweite Methode ist in Garnelenbecken eher angebracht, da manche Arten die feinen Luftblasen nicht lieben, besonders wenn sie unter ihren Panzer gelangen. Gleichgültig, welche Art der Belüftung man wählt, es gibt hier auch neben den Vorteilen der leichten Wasserbewegung und dem Einbringen von Sauerstoff den Nachteil zu bedenken, dass für das Pflanzenwachstum notwendiges Kohlendioxid ausgetrieben wird. Daher ist der Einsatz immer besatzabhängig und für jedes Becken abzuwägen.

Fotos: SXC

## Filterung

### Luftbetriebene Filter

Eine weitere Stufe ist der Einsatz einer Membranpumpe für luftbetriebene Filter. Hier gibt es neben einfachsten Kastenfiltern für wenige Euro verschiedene Schwammfilter bis hin zum Hamburger Mattenfilter, den man sich allerdings selbst bauen muss. Auch luftbetriebene Bodenfilter, die das Substrat als Filtermedium verwenden und eine leichte Durchströmung des Bodengrundes erzeugen, sind in Nano-Becken gut einsetzbar. Sie haben den Vorteil, dass keine voluminöse Technik den beschränkten Raum beschneidet, sie benötigen aber einen Teil der Bodenfläche, auf der dann keine Pflanzen wurzeln sollten, damit man mit der Mulmglocke das Substrat über dem Filterbereich säubern kann. Andernfalls setzt sich auf Dauer der Bodengrund so zu, dass kein Wasser mehr durchströmen kann. Die Reinigung von Schwammfiltern verläuft hingegen unproblematisch. Man braucht dazu nur den Schwamm aus dem Becken entnehmen und in temperiertem Wasser ausdrücken. Bei dieser Aktion bleibt zwar immer etwas Filterschlamm im Becken zurück, was aber nicht schadet.

### Schnellfilter

Immer mehr Anbieter produzieren kleine Motorfilter, die auch in Nano-Becken verwendet werden können. Je nachdem, welche Tiere gepflegt werden, sollte man auf die erzeugte Strömung und vor allem auch auf die Saugwirkung der Filterpumpen achten. Auch die Dimension der Ansaugschlitze, die ja ein Einsaugen von Kleinlebewesen verhindern sollen, ist hierbei zu beachten. Allerdings hilft auch das feinste Gitter nichts, wenn die Saugwirkung so stark ist, dass die Tiere aus eigener Kraft nicht vom Filter wegkommen. Oft ist es auch so, dass bei der Anbringung im Becken kleine Hohlräume zwischen Glas und Filter entstehen. Dies kann zu einer Falle für kleine Lebewesen werden. Einige Hersteller haben auch dies bedacht und geben kleine Schwammstücke zu den Filterpumpen, damit man diese „Fallen" absichern kann. Es gibt leider auch Komplett-Sets im Angebot, bei welchen der Filter eingeklebt ist, aber doch Hohlräume

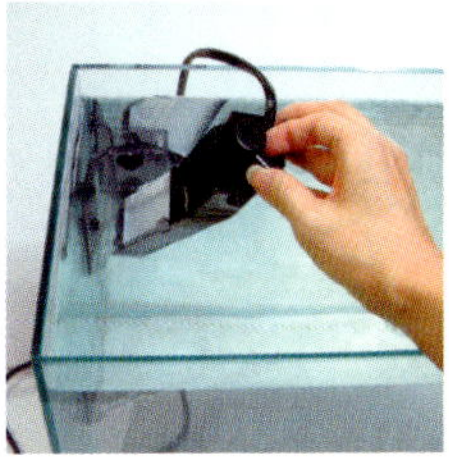

Foto: Dennerle

Foto: Tetra

Im Handel sind verschiedene platzsparende Innenfilter zur leichten Montage und Reinigung erhältlich.

hinter dem Filter verbleiben. Das kostet leider manchem Bewohner das Leben.

## Außenfilter

Kleine, gut regulierbare Einhängfilter sind ebenfalls gut geeignet. Sie haben den Vorteil, dass sie den Wasserkörper vergrößern und den ohnehin geringen Rauminhalt des Beckens nicht weiter schmälern. Das Ansaugrohr ist im Becken leichter zu verstecken als ein ganzer Filter. Die Reinigung des Filters kann einfacher durchgeführt werden, ohne dass Filterschlamm ins Becken gelangt. Probleme gibt es meist dann, wenn man sich Becken selbst zusammenstellt und Außenfilter und Abdeckung nicht zusammen passen. Auch bei der Pflege von Tieren, die gerne aus dem Becken herausklettern oder stark springen, ist das Abdichten eines solchen Einhängfilter doch aufwändiger und erfordert etwas handwerkliches Geschick.

Derzeit gibt es leider keinen Außen-Topffilter, den man für ein Nano-Becken verwenden könnte, da die umgewälzten Wassermengen zu groß sind.

## Heizung

Die Heizung und vor allem die Temperaturregelung so kleiner Becken ist durch das geringe Volumen und die große Oberfläche immer problematisch. Meist werden die handelsüblichen Stabheizer mit geringen Wattzahlen verwendet, es gibt aber auch schon spezielle, für Kleinaquarien hergestellte Heizsysteme. Diese sehr kleinen Heizelemente müssen aber durch eine externe Temperaturregelung angesteuert werden. Wünschenswert wären für Nano-Aquarien natürlich präzise Niederspannungsheizungen.

Außenfilter sind für Kleinstaquarien meist zu leistungsstark.

Foto: SXC

## Beleuchtung

Die meisten Nano-Glasbecken haben eher quadratische Formen, wodurch handelsübliche Neonröhren als Beleuchtung wegen ihrer Länge, auch in den schwachen Wattbereichen, ausscheiden. Man kann sich aber mit etwas Geschick aus 12 Volt Halogenstrahlern eine gute Beleuchtung für ein so kleines Becken selbst bauen. Auch der Handel bietet verschiedene fertige Leuchten an. Auch spezielle Leuchtstofflampen, meist mit 9 oder 11 Watt Leistung, werden als Aufsteckleuchten angeboten. All diesen Produkten ist gemein, dass ein Wechsel des Leuchtmittels ohne Schraubendreher meist nicht möglich ist. Einige Hersteller versehen ihre wasserdichten Lampen mit guten Reflektoren, was die Lichtausbeute deutlich erhöht. Auch gewöhnliche Energiesparlampen mit geringen Wattzahlen kommen als Beleuchtung für so kleine Becken in Frage. Bei vielen angebotenen Sets ist die Beleuchtung bereits in der Becken-Abdeckung integriert.

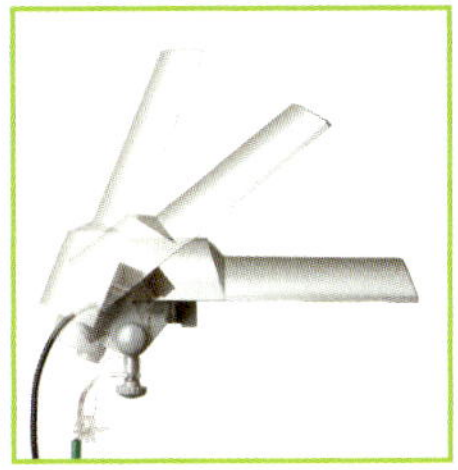

Fotos: Dennerle

Eine gute Beleuchtung ist für Pflanzen und Tiere extrem wichtig. Licht kann in die Abdeckung integriert sein oder mit einer entsprechenden Vorrichtung auch am Beckenrand befestigt werden.

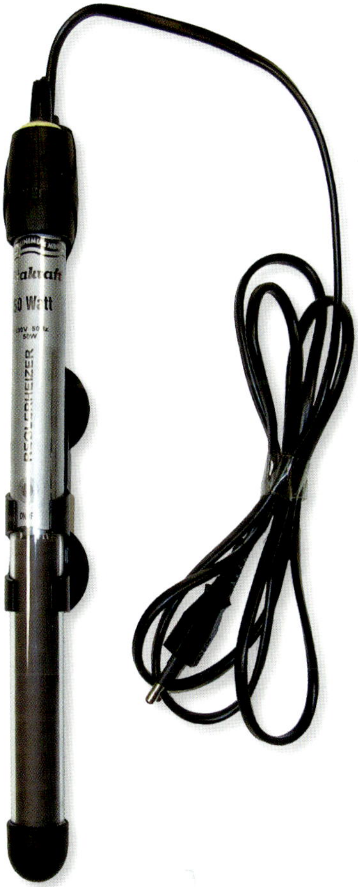

Foto: D. Gröbel

Foto: Dennerle

## $CO_2$-Düngung

In so kleinen Becken erscheint eine $CO_2$-Anlage vielleicht übertrieben. Will man aber anspruchsvollere Pflanzen unter starker Beleuchtung pflegen und hat keine oder nur wenige Tiere im Becken, kommt es schnell zu einem Mangel an diesem für Pflanzen wesentlichen Gas. Auch in Kleinaquarien kann man $CO_2$ mittels Hefe-Gärung bereitstellen, es gibt auch für diese Methode bereits fertig zusammengestellte Sets.

Andere Hersteller greifen auf Gaspatronen oder Mehrwegflaschen zurück, wobei für die Einbringung ins Becken auch schon spezielle, auf die Größe abgestimmte und gut ausgestattete Sets angeboten werden.

Für üppig gedeiende Wasserpflanzen ist eine $CO_2$-Zugabe durchaus zu empfehlen.

Foto: Dennerle

Foto: O. Knott

In solch einer harmonisch gestalteten Unterwasserwelt fühlen sich die Garnelen sichtlich wohl.

## Nano-Sets

Verschiedene Hersteller haben in der letzten Zeit komplett ausgestattete Becken für die Nano-Aquaristik auf den Markt gebracht. Es werden dabei unterschiedliche Wege beschritten, zum Teil sind es verkleinerte Ausführungen von „normalen" Aquarien, meist sind aber die Proportionen der Becken anders und gehen in Richtung Würfelform. Bei der kleinen Wassermenge ist dies vernünftig, weil hierbei beim gleichen Volumen die geringste Oberfläche die thermischen Nachteile etwas abschwächt.

Es werden Becken mit geschlossenen Abdeckungen, Abdeckscheiben oder auch offene Becken angeboten, bei welchen die Pflanzen auch über die Wasseroberfläche hinauswachsen können. So mancher Hersteller hat sich bei der Ausstattung seiner Becken wirklich alles überlegt und es gibt empfehlenswerte Komplett-Sets, die diesen Ausdruck wirklich verdienen.

# Einrichtung step by step

Foto: C. Lukhaup

Bei der Auswahl des passenden Bodengrunds sollten relativ kleine Körnungen gewählt werden.

## Bodengrund

Einer der wichtigsten Grundbausteine in jedem Aquarium, also auch im Nano-Aquarium, ist der richtige Bodengrund. Bevor man sich aber mit der Frage nach der richtigen Lösung beschäftigt muss man sich überlegen, ob für das geplante Nano-Becken auch ein Bodengrunddünger notwendig ist. Dieser kommt nämlich als erste Schicht in das Aquarium, bevor wir den eigentlichen Bodengrund einbringen.

Im Handel gibt es verschiedene Variationen von rein natürlichen Materialien bis zu Mischungen mit den wichtigsten Nährstoffen für die Pflanzen. Sandgemische, poröses lavaähnliches Material, Laterit, lehm- oder tonhaltige Mischungen und zahlreiche andere Varianten stehen zur Auswahl. Beim Dosieren der Mengen für ein kleines Nano-Becken lieber etwas weniger Material nehmen, zuviel kann schnell zu einem zu hohen Nährstoffangebot führen.

Grundsätzlich sollte man Bodengrunddünger verwenden, wenn man Pflanzen mit starken Wurzelwerken einpflanzt wie *Cryptocorynen* oder *Echinodorus*-Sorten. Wenn nur mit Moosen oder zum Beispiel „Aufsetzer-Pflanzen" wie *Anubien* gestaltet wird, kann man auch auf einen Bodengrunddünger verzichten und später die Nährstoffe über einen Flüssigdünger zugeben.

Beim eigentlichen Bodengrund gibt es ebenfalls eine große Fülle unterschiedlicher Varianten, die man für ein Nano-Becken verwenden kann. Generell sollte man versuchen, relativ kleine Körnungen zu wählen (etwa 1-2 mm) oder eventuell auch mal Sand. Dies gibt den kleinen Becken eine schönere optische Wirkung als zu grober Bodengrund. Verwendet man Kies, sollte man unbedingt darauf achten, dass dieser möglichst neutral ist (kalkfrei) und abgerundet.

Mein persönlicher Favorit ist natürlicher Bodengrund, der meistens aus granulierter und gebrannter Erde besteht und in Asien von fast allen Garnelenzüchtern verwendet wird. Dieser senkt je nach Sorte mehr oder weniger stark die Wasserhärte (KH = Karbonathärte) und dadurch auch den pH-Wert. In der Regel schafft man so einen idealen Lebensraum für Garnelen, Fische und Pflanzen.

Foto: O. Knott

**Profitipp**

Ein leicht nach hinten ansteigender Bodengrund verleiht dem Becken-Layout einen besonderen Touch. Außerdem erleichtert es später das Beobachten der Bewohner.

# Dekoration

Wer die Wahl hat, der hat die Qual. Bei der Fülle an angebotenen Dekorationsmaterialien kann man schnell den Überblick verlieren, welche für ein Nano-Becken sinnvoll verwendet werden können. Für solch kleine Becken wird jedoch nur wenig Material benötigt. So kann man getrost auch zu hochwertigen Materialien greifen ohne gleich eine teure Angelegenheit daraus zu machen.

Auf jeden Fall dürfen beim kleinen Nano-Becken mit einem Volumen von 10-20 Liter immer nur natürliche und daher unbedenkliche Dekomaterialien verwendet werden. Künstlich eingefärbte Deko sollte hier nicht eingesetzt werden, da nicht auszuschließen ist, dass sonst Schadstoffe an die sehr geringe Wassermenge abgegeben werden. Ansonsten kann man aber seiner Fantasie freien Lauf lassen. Schön ist was gefällt – insbesondere den Bewohnern der Nano-Welten.

Da wären verschieden Dekosteine (wenn möglich neutral und ohne Kalkeinschlüsse z. B. Lavastein), diverse für die Aquaristik geeignete Wurzeln und Hölzer, Ton-Höhlen (insbesondere zu empfehlen für Garnelen), halbe Kokosnuss-Schalen und vieles andere mehr.

Fotos: C. Lukhaup

Im Handel wird eine Vielzahl interessanter Materialien angeboten. Auf selbst gesammeltes Holz sollte man allerdings verzichten. Es ist zumeist nicht fürs Aquarium geeignet.

Fotos: C. Lukhaup

# Gestaltung

Auch solche Dekorationsartikel können eingesetzt werden. Dem persönlichen Geschmack sind hier keine Grenzen gesetzt. Die Garnelen stören sich in jedem Fall nicht daran.

Wenn es an die Gestaltung geht, muss man erst einmal festlegen, welche Garnelen, Krebse, Schnecken oder gar Fische in das geplante Aquarium einziehen sollen. Es gibt sehr viele kleine tropische Zierfische, aber diese benötigen einen entsprechend großen Lebensraum (siehe Seite 76). 30 Liter Inhalt sollte ein Nano-Becken für Mini-Fische auf jeden Fall haben. Alle kleineren Becken sind am besten mit Garnelen und anderen Wirbellosen zu besetzen. Und auch ein reines Pflanzen-Becken kann sehr reizvoll und dekorativ sein.

Wenn man die Wunschtiere gefunden hat, kann man die Dekoration darauf abstimmen. Bewährt hat sich bei kleinen Becken eine Dekoration des hinteren Bereiches, damit die Tiere im vorderen Bereich des Beckens freien Raum (zum Beispiel für die Futteraufnahme oder die Beobachtung durch den Besitzer) haben. Der hintere Teil bietet dann wichtige Orte zum Verstecken (beispielsweise für die notwendige Häutung Wirbelloser).

Quadratische Nano-Becken lassen sich mit Hilfe von Wurzeln, Steinen und Pflanzen wunderbar in der Mitte dekorieren. Dann kann man das Becken fast von allen Seiten hervorragend betrachten.

Foto: O. Knott

Foto: D. Gröbel

Foto: Dennerle

**Profitipp**

Für ein reines Moos-Layout brauchen wir folgende Utensilien: Baumwollschnur, Schere, Dekowurzeln und natürlich Moos (z. B. Javamoos). Das Moos wird fest um die Wurzelstücke gewickelt. Das aufgebundene Moos lässt sich schön mit Steinen kombinieren. Hier werden zwei große Flusssteine von mehreren Wurzeln eingerahmt.

Fotos: O. Knott

# Wasseraufbereitung

Je nach Ausgangswasser (Leitungswasser, Quellwasser, etc.) ist es auf jeden Fall zu empfehlen, das Wasser mit einem handelsüblichen Wasseraufbereitungsmittel zu „impfen". Speziell für die Nano-Becken gibt es inzwischen „garnelenfreundliche" Wasseraufbereiter, welche insbesondere die für Wirbellose schädlichen Inhaltsstoffe im Wasser neutralisieren.

Außerdem sind gute Bakterien-Präparate empfehlenswert, die für einen schnelleren biologischen Kreislauf sorgen. Nichtsdestotrotz sollte man vor dem eigentlichen Besatz der Garnelen oder Fische unbedingt die wichtigsten Wasserparameter wie Ammoniak, Nitrit, pH, KH und GH (Gesamthärte) testen, um sicherzustellen dass das Becken biologisch bereit ist für einen Erstbesatz.

Fotos: SXC

# Einlaufphase

Nach dem Einrichten der neuen Nano-Welt sollte das Becken mindestens 1-2 Wochen ohne Tierbesatz laufen. Diese Phase ist wichtig, damit sich ausreichend Bakterien für den Schadstoffabbau ansiedeln und das Nano-Becken ein solides biologisches Gleichgewicht bekommt. In dieser Startphase sind regelmäßige und gut dosierte Wasserwechsel wichtig. Auch der oben beschriebene Wasseraufbereiter kommt hier zum Einsatz.

**Hier ein kleiner Fahrplan für einen gelungenen Start:**

**Tag 1** Aquarium eingerichtet
**Tag 3** 50 % Wasserwechsel
**Tag 6** 50 % Wasserwechsel
**Tag 7** 50 % Wasserwechsel
Frühestens jetzt erste Tiere einsetzen!
**Tag 8-13** sparsam füttern
**Tag 14** 25-50 % Wasserwechsel
Danach mindestens wöchentlicher Wasserwechsel (25-50 %)

Foto: O. Knott

Das Becken ist eingerichtet und benötigt nun Zeit, damit sich ausreichend Bakterien ansiedeln. Frühestens nach einer Woche dürfen erste Tiere eingesetzt werden.

# 7 Schritte zum perfekten Becken

## Step 1

Der Bodengrunddünger / Nährboden kommt als erste Schicht in das Becken. Höhe ca. 2 cm.

## Step 2

Es folgt der eigentliche Bodengrund (Kies, Sand etc.). Das Material sollte jedoch vorher gewaschen werden und ca. 3 cm hoch sein.

## Step 3

Die Dekorationselemente werden platziert. Nur für Aquarien geeignete Hölzer und Steine verwenden.

Fotos:Dennerle

Fotos: C. Lukhaup

## Step 4

Mit Hilfe einer Gießkanne wird das Becken zu 2/3 langsam mit aufbereitetem Wasser gefüllt. Wasser über einen großen Stein, ein Stück Holz oder einen kleinen Teller laufen lassen, damit der Bodengrund nicht aufgewühlt wird.

## Step 5

Die vorher gut gewässerten Pflanzen werden jetzt eingesetzt.

## Step 6

Die Technik wir installiert und das Becken vollständig mit Wasser gefüllt.

## Step 7

Beleuchtung und Abdeckung installieren und Technik anschließen. Nun kann die Einlaufphase beginnen.

Fotos:Dennerle

# Pflanzen – es grünt unter Wasser

## Warum denn Pflanzen?

Die Pflanzenauswahl bei Nano-Aquarien richtet sich immer stark nach den individuellen Wasserwerten, der Frage ob man eine $CO_2$-Anlage anschaffen möchte, der Beleuchtungsstärke und dem persönlichen Aufwand, den man treiben will. Die folgenden Pflanzenempfehlungen richten sich daher eher an die Anfänger, die auch mit wenig Aufwand erfolgreich zu einem schönen bepflanzten Nano-Becken kommen wollen.

Vielleicht fragen Sie sich ja, wofür man in solch kleinen Becken überhaupt Pflanzen braucht. Diese Frage ist schnell und einfach beantwortet: zum Wohle der Lebewesen (Garnelen, Fische etc.) und für ein natürliches Gleichgewicht in einem sehr kleinen Wasserkreislauf.

Wasserpflanzen leisten mit ihrer Nährstoffaufnahme (Stickstoffe, Phosphate u. a.) und der natürlichen Sauerstoffabgabe tagsüber einen unverzichtbaren Beitrag zu einem gesunden Wasserklima. Solange der Schwimmraum im Nano-Becken nicht zu arg beengt wird, kann so ein Becken ohne Probleme bis zu 80% bepflanzt sein. Und manchen Besitzer wird es vielleicht sogar reizen, ein reines Pflanzenaquarium zu betreiben und damit in der Wohnung oder im Büro einen ganz besonderen „grünen Hingucker" einzurichten.

Moose gibt es im Fachhandel bereits fertig aufgewachsen als praktische Pads, auf Holz oder Steinen:

Fotos: C. Lukhaup

# Pflanzendüngung

Foto: F. Bitter

*Anubias barteri* var. *nana*.

Die Düngung der Aquarienpflanzen erfolgt durch die Nährstoffe aus dem Bodengrunddünger und einem im Fachhandel erhältlichen Flüssigdünger (Volldünger, Eisendünger etc.).

$CO_2$-Düngung hat eigentlich nur Vorteile für Ihr Nano-Aquarium. Es versorgt die Pflanzen mit dem wichtigsten essentiellen Nährstoff (Kohlenstoff), senkt den pH-Wert auf natürliche Weise und sorgt in der Kombination mit dem richtigen Pflanzenbesatz dafür, dass die ungeliebten Algen sich in solchen Aquarien sehr in Grenzen halten. Gerade für die kleinen Nano-Becken gibt es inzwischen relativ kostengünstige $CO_2$-Anlagen, die auf jeden Fall eine Anschaffung wert sind.

Fotos: O. Knott

Mit Unterstützung einer $CO_2$-Anlage wird aus einem gut eingerichteten Nano-Becken schnell eine faszinierende Unterwasserwelt. Ein Paradies für seine neuen Bewohner.

Foto: F. Bitter

Fotos: O. Knott

## Mooskugeln
***Cladophora aegagropila***

**Herkunft:**
Asien und Europa

**Größe:** 3-15 cm
**Temp.:** 5-28 °C

Eigentlich ist die Mooskugel keine Pflanze, sondern eine Alge. Wohl die einzige Alge die im Aquarium gern gesehen ist. Speziell bei Garnelen erfreut sich die grüne Wunderkugel größter Beliebtheit. Sie lieben es, die kleinen Algenfäden der Kugeln zu säubern und nach Futter zu durchsuchen. Um die Mooskugel lange am Leben zu halten, ist es unbedingt notwendig, sie ungefähr alle zwei bis drei Wochen aus dem Aquarium zu nehmen und mit leichtem Druck auszuwaschen, da sie wie ein Schwamm kleine Schwebstoffe aufnimmt.

Foto: F. Bitter

## Javamoos
***Taxiphyllum barbieri***

**Herkunft:**
Südostasien

**Größe:** über 5 cm
**Temp.:** 15-28 °C

Das klassische Javamoos steht hier in Vertretung für die zahlreichen neuen Moossorten, die inzwischen im Handel erhältlich sind. Ob lose freischwimmend im Becken oder aufgebunden auf verschiedenen Dekomaterialien wie Wurzeln oder Steinen, bietet Moos vielfältige Einsatzmöglichkeiten. Moose stellen sich mit der Zeit auf die vorhandenen Wasserwerte ein und passen sich im Wuchs und in der Form an.

## Wendts Wasserkelch
***Cryptocoryne wendtii***

Die Gruppe der *Cryptocorynen* ist groß und die vorgestellte Art steht stellvertretend für viele attraktive und gut geeignete Arten. Die Pflanze benötigt meist wenig Licht und kommt oft auch ohne $CO_2$ gut zurecht. Nach dem Einsetzen kann es anfänglich zum Verlust von Blättern kommen. Die Pflanzen werden fast ausschließlich über Wasser gezüchtet und brauchen eben etwas Zeit für die Umstellung unter Wasser.

Foto: O. Knott

**Herkunft:**
Südostasien

**Größe:** 10 cm
**Temp.:** 20-30 °C

## Zwergkleefarn
***Marsilea hirsuta***

Ein Geheimtipp für alle, die eine einfache Vordergundpflanze fürs Nano-Aquarium suchen. Wächst sehr langsam aber stetig und ist mit sehr einfachen Wasserbedingungen zufrieden. Etwas $CO_2$ ist hilfreich, aber es geht auch mal ohne. Die Pflanzen werden über Wasser gezogen. Vor dem Einpflanzen die „über Wasser" gezogenen Blätter samt Stiel abscheiden und somit einen einfacheren Weg für den „Unterwasser-Wuchs" bereiten.

Foto: O. Knott

**Herkunft:**
Australien

**Größe:** 2-5 cm
**Temp.:** 18-28 °C

Foto: O. Knott

## Gewelltblättriges Laichkraut
### *Pogostemon helferi*

Foto: C. Lukhaup

Im wahrsten Sinne ein Neuer Stern am Wasserpflanzen-Himmel. Noch nicht lange im Handel, hat sich diese Pflanze mit dem charakteristischen Aussehen zum Topseller entwickelt. Auch ohne $CO_2$ kann die Pflanze wunderbare Büsche im Aquarium bilden, allerdings sollte man ihr mindestens 20% Wasserwechsel alle zwei Wochen oder sogar wöchentlich gönnen. Was übrigens auch den anderen Wasserpflanzen und Tieren im Aquarium nicht schadet.

**Herkunft:**
Südostasien

**Größe:** 2-10 cm
**Temp.:** 20-30 °C

Foto: O. Knott

## Schmalblättriger Javafarn
### *Microsorum pteropus* ‚Narrow'

Von den berühmten Javafarnen gibt es sehr viele Variationen. Doch insbesondere die schmalblättrigen Varianten eignen sich gut für Nano-Aquarien. Es kann allerdings einige Wochen dauern, bis aus der Pflanze die kleinen schmalen Blätter wachsen und dem Farn dieses interessante Aussehen geben. Der Farn kommt mit sehr wenig Licht zurecht und man kann ihn als Aufsetzerpflanze praktisch an jedem Material festbinden.

Foto: Dennerle

**Herkunft:**
Asien

**Größe:** 10-20 cm
**Temp.:** 18-30 °C

**Kleiner Wasserschlauch**
***Utricularia graminifolia***

Diese Pflanze stellt bereits höhere Ansprüche und ist eher dem fortgeschrittenen Aquarianer zu empfehlen. Aufgrund ihres spektakulären Aussehens und Wuches ist sie aber eine super Pflanze für Nano-Becken. Wenn die Pflanze mit etwas Hilfe von $CO_2$-Zufuhr auf die Verhältnisse im Aquarium eingestellt ist, wächst sie teilweise flutend durch das Becken. Die kleinen Fangblasen dieser eigentlich „fleischfressenden" Pflanze sind so winzig, dass sie auch dem Garnelennachwuchs nichts anhaben können.

Foto: O. Knott

**Herkunft:**
Asien

**Größe:** **2-5 cm**
**Temp.:** **16-18 °C**

**Kleine Sumpfbinse**
***Eleocharis parvula***

Die Rasenpflanze für jedes Nano-Becken. Einfach in der Haltung und sehr widerstandsfähig. Diese Pflanze ist eine *Eleocharis*-Art, die wirklich sehr klein bleibt. Allerdings sollte man auch hier vor dem Einpflanzen die Pflanze kürzen. Das heißt die Blätter (oder Halme) aus der emersen Zucht abschneiden. Diese sind fast dreimal so lang wie die kommenden submersen Blätter. Somit bekommt man auch einen Pflanzenrasen mit einer Maximalhöhe von ca. 3-5 cm hin.

Foto: Dennerle

Foto: O. Knott

**Herkunft:**
Kosmopolit

**Größe:** **3-7 cm**
**Temp.:** **10-28 °C**

Foto: O. Knott

**Herkunft:**
Südamerika

**Größe:** 10-20 cm
**Temp.:** 19-26 °C

## Zwergpfeilkraut
### *Sagittaria subulata*

Eine sehr dankbare und einfache Pflanze. Durch ihre vielen Seitentriebe und das relativ schnelle Wachstum lässt sie sich sehr einfach vermehren. Die Größe variiert etwas durch die Wasserbedingungen. Bei Temperaturen über 26 Grad wächst sie eher in die Höhe als in die Breite. In Nano-Aquarien am besten geeignet für den Mittel- oder Hintergrund.

Foto: F. Bitter

Foto: O. Knott

**Herkunft:**
Kultivar

**Größe:** 20-30 cm
**Temp.:** 18-28 °C

## Indischer Wasserfreund
### *Hygrophila polysperma ‚Rosanervig'*

Wer eine einfache rötliche Pflanze im Nano-Aquarium halten möchte, dem ist diese rosanervige *Polysperma*-Art zu empfehlen. Mit entsprechendem $CO_2$-Gehalt hat man mit dieser Pflanze garantierten Erfolg. Ein Farbtupfer der besonderen Art. Auch in der normalen grünen Variante uneingeschränkt zu empfehlen, da beide Arten sehr schnell wachsen und gerade in der Einlaufphase eines Aquariums vorteilhaft sind.

Foto: Dennerle

Foto: F. Bitter

Foto: O. Knott

## Zwergspeerblatt
## ***Anubias barteri* var. *nana***

Ein Klassiker und eine super Anfängerpflanze. Gibt es auch schon komplett auf bepflanzten Wurzeln, die dann nur noch ins Aquarium rein gestellt werden müssen. Verträgt oder braucht sogar schattige Plätzchen im Aquarium, sonst setzt sie leicht Algen an. Eine langsam wachsende Art. Auch andere Arten der *Anubias* sind zu empfehlen. Aber nur kleine Arten wählen.

Foto: F. Bitter

**Herkunft:**
Afrika

**Größe:** **5-15 cm**
**Temp.:** **20-30 °C**

Foto: SXC

## Mini Twister
## ***Vallisneria americana* „mini twister"**

Der „Mini Twister" aus der Pflanzengruppe der *Vallisnerien* ist wegen seines Zwergwuchses am besten für Nano-Aquarien geeignet. Fast alle *Vallisnerien* kommen gut ohne $CO_2$-Düngung zurecht. Man muss nur aufpassen, dass man den Wuchs im Griff hat. Manchmal vermehren sich diese Pflanzen durch ihre unterirdischen Triebe sehr stark. Schön sieht es aus, wenn sie die Blätter auf die Wasseroberfläche legen und so für eine natürliche Abschattung sorgen.

**Herkunft:**
Südostasien

**Größe:** **10-15 cm**
**Temp.:** **20-28 °C**

Foto: Dennerle

# Garnelen in Nano-Becken

Anders als die meisten Fische benötigen viele kleinere Garnelenarten nur wenig Schwimmraum und sind dadurch für die Haltung im Nano-Aquarium gut geeignet. Auch der Stoffwechsel der wirbellosen Tiere läuft vielfach auf wesentlich niedrigerem Niveau. Viele Zwerggarnelen leben von organischem Abbaumaterial und den sich darin ansiedelnden Mikroorganismen. Solange sie ausreichend absterbendes Pflanzenmaterial oder feine Algenrasen vorfinden, brauchen sie kaum zugefüttert werden. Das verringert die Gefahr, durch das tägliche Füttern das Wasser zu belasten und hilft, das empfindliche Gleichgewicht in kleinen Becken stabil zu halten. Vor allem die Arten aus stehenden oder langsam fließenden Gewässern und Arten welche überwiegend in Laubansammlungen leben sind für Nano-Becken besonders geeignet.

Eher ungeeignet sind die Arten, die ein deutlich territoriales Verhalten zeigen (z.B. viele Großarmgarnelen), als schwimmfreudig gelten (z.B. Rote Nashorngarnelen oder Schwebegarnelen), aus schnell fließenden, sauerstoffreichen Gewässern stammen (Fächergarnelen oder manche chinesische oder japanische Zwerggarnelen) oder sich besonders rasch vermehren und dadurch höhere Futtermengen erfordern. Zu letzterer Gruppe zählen etwa viele Arten der Gattung *Neocaridina*. Möchte man diese Arten dennoch in kleinen Becken pflegen, ist der Besatz durch regelmäßiges Abfischen niedrig zu halten.

Ein kleines Becken erfordert im Vergleich zum großvolumigen Aquarium einen höheren Pflegeaufwand. Bodengrund und Wasservolumen sind im großen Becken ein wirksamer

*Caridina multidentata (C. japonica).*

Foto: F. Bitter

Puffer, der die Bewohner vor Änderungen der hydrochemischen Parameter und vor Belastungen durch zu reichliche Fütterung schützt. In kleinen Becken kommt es viel rascher zu Sauerstoffmangel durch übermäßiges Bakterienwachstum oder zu dichten Pflanzenbewuchs.

Die Wahl des richtigen Standorts für eine stabile Wassertemperatur und regelmäßige Teilwasserwechsel (besser täglich eine geringere Menge als einmal pro Woche einen Großteil des Wassers) helfen, die Belastung für die Wirbellosen gering zu halten, denn plötzliche Veränderungen im Wasserchemismus können drastische Auswirkungen auf deren Osmoseregulation haben und die Lebenserwartung der Tiere merklich verkürzen. Ist ein Nano-Aquarium aber nur sparsam besetzt (etwa fünf kleinere Zwerggarnelen pro 10l Wasservolumen) und wird nur sehr sparsam gefüttert (1-2 winzige Futtergaben pro Woche in einem gut eingefahrenen Becken), dann werden zumindest Zwerggarnelen durch ihre Putztätigkeit dazu beitragen, das Mini-Ökosystem Aquarium sauber und stabil zu halten.

Foto: C. Lukhaup

# Crystal Red und Red Bee Garnelen *Caridina cf. cantonensis*

Foto: C. Lukhaup

**Herkunft:**
Farbzuchten einer ursprünglich in Hongkong beheimateten Zwerggarnele

**Größe:** ♂ 19 mm
♀ 23 mm

**Temp.:** 18-26 °C

**Härte:** 2-10 °KH

Die beliebte rot-weiß gestreifte Crystal Red Garnele geht auf den japanischen Züchter Hisayasu Suzuki zurück, der diese Farbform aus ursprünglich dreifarbig gelb-braun-weiß gefärbten Bienengarnelen herauszüchten konnte. Die reizvoll gefärbten Garnelen fanden viele Liebhaber, die bald erste Hochzuchtversuche unternahmen. Für besonders kräftig gefärbte Tiere wurden in fernöstlichen Auktionshäusern astronomische Summen geboten. Eine weitere Welle der Begeisterung lösten die ersten „Red Bee" Garnelen aus. Wieder war es japanischen Züchtern gelungen, Stämme von rot-weiß gestreiften Zwerggarnelen zu züchten, die eine bisher nicht gekannte Dichte der Farbpigmente aufwiesen. Vor allem ein flächig deckendes Weiß wurde als höchstes Zuchtziel angesehen. Laut japanischen Züchtern war dieser Effekt erst durch das Einkreuzen von Wildfängen einer zweiten, aus Südchina stammenden Art, von den Züchtern „New Bee" genannt, möglich. Morphologisch zeigen die Red Bee Garnelen keine von den Crystal Red abweichenden Merkmale. Allerdings schließt das die erfolgte Einkreuzung einer zweiten Art nicht aus, da es durchaus denkbar wäre, dass von dieser nur das Merkmal der Körperfärbung vererbt wurde. Mehr noch als bei den Crystal Red achten Liebhaber der Red Bee darauf, nur Tiere aus reinen Zuchtlinien zu verpaaren. Ein Vorgehen, wie man es auch aus der Rassehundezucht oder der Pferdezucht kennt.

Die Wildform der Tiere stammt ursprünglich aus kleinen, klaren und rasch fließenden Bächen. Sauerstoffreiches, mit organischen Abbauprodukten möglichst wenig belastetes Wasser sollte den Tieren auch

Foto: F. Bitter

im Aquarium geboten werden. Im Nano-Becken wird das durch einen eher kräftig arbeitenden Filter, der für eine ständige Wasserbewegung sorgt, und regelmäßige Wasserwechsel sichergestellt. Auf eine Beheizung des Beckens kann in Wohnräumen verzichtet werden. Die Beckenbeleuchtung darf auch an heißen Sommertagen die Wassertemperatur nicht über 30 °C ansteigen lassen, da solche Temperaturen von den Tieren nur kurzzeitig vertragen werden. Bei guten Bedingungen werden die Garnelen sich regelmäßig vermehren. Im Nano-Becken sollte aber stets auf einen geringen Besatz geachtet und deshalb der Nachwuchs regelmäßig durch Abfischen reduziert werden.

Die „kristallrote Bienengarnele" ist eine der farbenprächtigsten und begehrtesten Zwerggarnelenarten überhaupt:

Foto: C. Lukhaup

# Hummelgarnele
## *Caridina breviata*

Foto: C. Lukhaup

**Herkunft:**
Südchina

**Größe:** ♂ 20 mm
♀ 24 mm

**Temp.:** 16-26 °C
**Härte:** 2-12 °KH

Auch wenn die Hummelgarnele einer schwarz-weiß gezeichneten Bienengarnele oder Bee Shrimp ähnelt, handelt es sich doch um eine eigenständige, morphologisch klar unterscheidbare Art. Wie die Bienengarnele stammen die Hummelgarnelen aus kleinen, rasch fließenden Quellbächen, sind damit an das Leben in sauerstoffreichem, schnell fließendem Wasser angepasst. Die Ansprüche an Wassertemperatur und Wasserchemismus entsprechen ebenfalls jenen dieser Art. In den natürlichen Lebensräumen dieser beiden Arten kommen außer einigen Quellmoosgewächsen kaum höhere Wasserpflanzen vor. In den meisten Fällen wird ein mit Moosen, Farnen oder klein bleibenden grasartig wachsenden Pflanzen dem Aquarianer gut gefallen. Geeigneter für diese Garnelen wäre allerdings ein mit etwas Falllaub, einem Stück Wurzelholz und eventuell einem kleinen Steinaufbau eingerichtetes Becken. Das entspräche eher dem natürlichen Lebensraum der Hummelgarnelen. Da Nano-Becken aber gern als dekorative Einrichtungsgegenstände aufgestellt und betrieben werden, wird eine attraktive Bepflanzung den Garnelen in diesem Fall aber sicher nicht schaden.

Ein besonderes Augenmerk ist aber darauf zu richten, dass neu in das Becken eingebrachte Pflanzen bereits mehrere Wochen gewässert wurden oder aus speziellen, für Garnelenbecken geeigneten, Kulturen stammen. Rückstände von Spritzmitteln auf Wasserpflanzen aus konventioneller Kultur können für Garnelen verheerende Folgen haben.

Da es sich hier um Tiere aus sauerstoffreichen Gewässern handelt, ist durch einen entsprechend angeordneten Filter für eine aus-

Foto: C. Lukhaup

Fotos: C. Lukhaup

reichende Versorgung mit dem lebensnotwendigen Stoff zu sorgen.

Wie bei den Crystal Red oder Red Bee Garnelen ist auch bei den Hummelgarnelen darauf zu achten, dass die Population bei der zu erwartenden Vermehrung der Tiere im Nano-Becken stets gering gehalten wird. Gerade durch die geringe Größe des Beckens sollte ein Betrachter zum genauen Hinschauen und Beobachten einzelner Tiere angeregt werden.

Hummelgarnelen können ganz variabel gefärbt sein.

# Ninja Garnele
## *Caridina serratirostris*

**Herkunft:**
Südostasien, Japan

| | |
|---|---|
| **Größe:** | **♂ 20 mm** |
| | **♀ 20 mm** |
| **Temp.:** | **20-28 °C** |
| **Härte:** | **3-15 °KH** |

Die Ninja Garnele mit ihrer rot-weißen bis bläulich-weißen Körperzeichnung eignet sich hervorragend als Besatz für Nano-Aquarien. Die Körperfärbung bildet einen Kontrast zum Grün der Bepflanzung und mit ihren Pinselscheren helfen die Tiere gegen starkes Algenwachstum. Da die Larven von *Caridina serratirostris* zur Entwicklung Brack- oder Meerwasser benötigen, werden sich die Tiere im Süßwasseraquarium nicht vermehren. Ein schleichender Überbesatz ist so nicht zu befürchten. Es gibt also keinen Nachwuchs im Aquarium, aber dafür eine deutlich höhere Lebenserwartung.

Im Vergleich zu anderen rötlich gefärbten Arten wie der Red Fire oder der Crystal Red Garnele, zeigt sich die Ninja Garnele etwas weniger aktiv und versteckt sich gerne im Moos oder unter Wurzeln. Die Bezeichnung Ninja Garnele geht auf die Eigenschaft zurück, dass die Tiere es schaffen, selbst in kleinen Becken plötzlich „zu verschwinden" um zu einem späteren Zeitpunkt genau so unerwartet wieder aufzutauchen.

Fotos: C. Lukhaup

# Blue Bee Garnele
## *Paracaridina* sp.

Die Blue Bee oder Schoko Bee genannten Zwerggarnelen aus China waren eine der Neuentdeckungen für die Aquaristik im Jahr 2008. Ihre Körperfärbung erinnert an jene der Ninja Garnele *Caridina serratirostris*. Anders als diese trägt die Blue Bee aber große Eier, aus denen weit entwickelte Jungtiere schlüpfen. Eine Vermehrung im Süßwasseraquarium ist damit möglich. Von allen anderen in der Aquaristik bisher bekannten Arten unterscheidet sich diese Art durch das Fehlen eines Kiemenbüschels und ist so in die chinesische Gattung *Paracaridina* zu stellen. Wissenschaftlich ist diese Art aber bisher noch unbeschrieben.

Auch in der Aquaristik weiß man bislang wenig über diese hübsche Art. Sie ist aber bereits mehrfach im Aquarium nachgezogen worden, so dass es bald mehr Erfahrungsberichte über ihre Haltung geben dürfte.

**Herkunft:**
Ostchina

**Größe:** ♂ **<23 mm**
♀ **<23 mm**

**Temp.:** **20-28 °C**
**Härte:** **3-15 °KH**

Fotos: C. Lukhaup

# Sulawesi Kardinalsgarnele
## *Caridina* sp.

Fotos: C. Lukhaup

**Herkunft:**
Matano See,
Sulawesi

| | |
|---|---|
| **Größe:** | **♂<14 mm** |
| | **♀ <14 mm** |
| **Temp.:** | **27-29 °C** |
| **Härte:** | **2-5 °KH** |

Die Zwerggarnelen aus Sulawesi sind wohl die Aufsehen erregendste Neuentdeckung der letzten Jahre. Mit ihrer plakativen Körperfärbung leuchten viele von ihnen wie Juwelen im Grün eines gut bepflanzten Aquariums. Durch ihre geringe Körpergröße eignen sich die Tiere bestens für die Haltung in kleinen Aquarien.

Die Kardinalsgarnele bewohnt steinige Bereiche der Uferzonen, wo die Tiere im Lückensystem des Gerölls und in Felsspalten Deckung finden. Wenn möglich, ist auf die artspezifische Lebensweise der Tiere auch im Aquarium Rücksicht zu nehmen. Für die Kardinalsgarnele würde dies eine Einrichtung aus dunklen, groben Steinen empfehlen. Steinaufbauten mit ihrem künstlichen Spaltensystem können den Tieren ein naturnahes Biotop bieten.

Die leuchtend weißen Scherenbeine, mit denen sie ständig von Steinen und Bodengrund Detritus und Aufwuchsorganismen abstreifen, sind unermüdlich in Bewegung und geben dem aufmerksamen Beobachter die Möglichkeit, Einblick in die einzigartige Form der Nahrungsaufnahme der Zwerggarnelen zu bekommen. Das Wasser des Matano Sees ist sehr nahrungs- und keimarm, auf die Wasserqualität ist deshalb auch im Aquarium viel Augenmerk zu richten. Anders als viele andere Arten von Zwerggarnelen, benötigen die Tiere aus den Zentralseen von Sulawesi eine konstant hohe Wassertemperatur zwischen 27 und 29 °C. Der Einsatz eines fein einstellbaren Regelheizers ist deshalb auch im Aquarium unabdingbar.

Die Kardinalsgarnele trägt eine relativ geringe Zahl von großen Eiern, aus denen fast fertig entwickelte Jungtiere schlüpfen. Wie die Eltern-

Fotos: C. Lukhaup

tiere ernähren sich die Jungen von Beginn an von Detritus und brauchen deshalb nicht gesondert gefüttert zu werden. Aufgrund der geringen Gelegezahlen von 8-14 Eiern ist auch in kleinen Becken kaum ein Überbesatz durch den Nachwuchs zu befürchten.

Sollten sich die Tiere gut vermehren, dürfte es kaum Probleme bereiten, dankbare Abnehmer für den Nachwuchs unter befreundeten Aquarianern zu finden.

# Harlekingarnele
## *Caridina* sp.

Fotos: C. Lukhaup

**Herkunft:**
Towuti See, Sulawesi

**Größe:** ♂<13 mm
♀<13 mm

**Temp.:** 27-29 °C
**Härte:** 2-5 °KH

Wie die Kardinalsgarnele stammt auch die Harlekingarnele aus den Zentralseen von Sulawesi, in diesem Fall jedoch aus dem Towuti See. Im See kommt die Harlekingarnele häufig in Gemeinschaft anderer endemischer Zwerggarnelen vor, so dass eine Vergesellschaftung mit anderen Arten aus dem See möglich wäre. Die Garnele lebt nach den Angaben ihrer Entdeckerin Kristina von Rintelen auf und zwischen größeren und kleineren Steinen und verlässt diese häufig auch nicht, wenn die Steine bewegt oder aufgehoben werden. Steinaufbauten oder -ansammlungen wären also auch im Aquarium ein geeignetes Umfeld. Der Scherenbau der Zwerggarnele ist aber wenig spezialisiert, so dass sie wohl auch in einem gut bepflanzten Aquarium zurechtkommen dürfte. Gerade auf sattem Grün kontrastiert die rot-weiße Färbung der Garnele sehr hübsch und zieht so die Blicke des Betrachters auf sich. Wie die Kardinalsgarnele ist die Harlekingarnele in Süßwasser vermehrbar, bisher konnten aber nur wenige Aquarianer über gelungene Nachzuchten berichten.

# White Pearl Garnele
## *Neocaridina cf. zhangjiajiensis*

Die White Pearl Garnele gehört zu den beliebtesten Zwerggarnelen. Die milchig durchsichtigen Tiere mit den leuchtend weißen Eiern wurden von Ulf Gottschalk durch Selektion aus einem Stamm grau-brauner Wildtiere herausgezüchtet. Besonders auf dunklem Bodengrund oder auf dichten grünen Moospolstern begeistern die Tiere durch die leuchtend helle Färbung. Mit verantwortlich für die Beliebtheit der Tiere ist auch deren Anspruchslosigkeit. Die Tiere kommen mit Wasser unterschiedlicher Härte ebenso zu Recht wie mit hohen oder niedrigen Wassertemperaturen. Liegt die Temperatur über 20 °C pflanzen sie sich auch willig fort. Deshalb sollte man sie nicht in zu kleinen Becken halten oder der Bestand muss durch regelmäßige Abgabe gering gehalten werden. Gefüttert wird die White Pearl wie andere Zwerggarnelen mit geringen Mengen an Flocken- oder Granulatfutter, überbrühtem Spinat oder Löwenzahnblättern. Gerne werden von den Tieren auch „Kaninchenpellets" aus der Kleintierabteilung gefressen.

**Herkunft:**
Ostchina

**Größe:** ♂<20 mm
♀<24 mm

**Temp.:** 15-30 °C
**Härte:** 2-20 °KH

Fotos: C. Lukhaup

# Red Fire Garnele
## *Neocaridina heteropoda*

Fotos: C. Lukhaup

**Herkunft:**
Ostchina

| | |
|---|---|
| **Größe:** | **♂<20 mm** |
| | **♀ <25 mm** |
| **Temp.:** | **5-30 °C** |
| **Härte:** | **3-25 °KH** |

Die Red Fire sind wohl die am häufigsten gehaltenen Zwerggarnelen in Europa. Die rote Farbform einer in Ostasien weit verbreiteten Art stammt ursprünglich aus Taiwan, die heute im Handel angebotenen Tiere aber durchweg aus heimischen oder fernöstlichen Zuchten. Die Tiere gelten als besonders anspruchslos und eigenen sich auch für Aquarien mit mittelhartem bis hartem Wasser. In vielen natürlichen Biotopen dieser Art sinken die Wassertemperaturen in den Wintermonaten stark ab, die Red Fire Garnele ist deshalb auch für Kaltwasserbecken geeignet. Je nach Untergrund und Futter färben die Tiere unterschiedlich aus, dunkler Bodengrund und Wurzelwerk im Becken führen wie karotinhaltige Nahrung zu kräftigeren Farben. Im Nano-Becken muss aber darauf Rücksicht genommen werden, dass diese Art als besonders vermehrungsfreudig gilt, sich also eher für größere Becken ab 20 Litern Inhalt eignet.

# Amano Garnele
## *Caridina multidentata*

Foto: C. Lukhaup

**Herkunft:**
Japan, Philippinen, Taiwan, Madagaska

**Größe:** ♂ < ♀
♀ <33 mm

**Temp.:** 15-30 °C

**Härte:** 3-15 °KH

Die Garnele hat ihren Handelsnamen vom japanischen Aquarienkünstler Takashi Amano, der sie in seinen berühmten Landschaftsaquarien zur Algenprophylaxe einsetzt. Auch wenn die Tiere weiche Algenrasen mit der Nahrung aufnehmen, aus einem stark veralgten Becken machen sie kein Unterwasserparadies. Sie können aber durchaus helfen, ein gepflegtes Becken sauber zu halten.

Amanogarnelen werden etwas größer als die meisten Zwerggarnelen. So eignet sich eine Gruppe (Zwerggarnelen sollen nicht einzeln gehalten werden) eher für Becken ab 30 Liter. Männliche Tiere zeigen als Reaktion auf die Reifehäutung eines paarungsbereiten Weibchens ein besonders ausgeprägtes „Paarungsschwimmen". Auch dieses Schauspiel ist in einem etwas größeren Becken besser zu bewundern. Nach der Paarung befestigt das Weibchen bis zu 2000 Eier an den Schwimmbeinen am Hinterleib. Die aus den Eiern schlüpfenden Larven treiben eine Zeit lang im Wasser. Im Süßwasser sterben sie aber ab. Amanogarnelen können ein Alter von ca. 6 Jahren erreichen, deshalb sind sie zu empfehlen, auch wenn eine Vermehrung im Süßwasser nicht möglich ist.

Fotos: F. Bitter

# Amazonas Laubgarnele
## *Euryrhynchus amazoniensis*

Fotos: C. Lukhaup

**Herkunft:**
Amazonas und dessen Nebengewässer

| | |
|---|---|
| **Größe:** | **♂<20 mm** |
| | **♀<20 mm** |
| **Temp.:** | **27-34 °C** |
| **Härte:** | **0-3 °KH** |

Mit ihren kräftigen Scheren erinnern Laubgarnelen an kleine Flusskrebse. Alle bekannten Arten dieser Gattung bewohnen Weichwassergebiete im Amazonas- und Orinocogebiet. Dort leben sie recht versteckt in Laubansammlungen am Grund der Gewässer, im dichten Wurzelwerk der Ufervegetation und den „floating meadows".

Mit Hilfe ihrer Scheren erbeuten sie winzige Wurmarten, Insektenlarven oder andere kleine Krebstiere. Für größere Wassertiere wie Garnelen oder kleine Fische sind sie keine Gefahr.

Durch ihre versteckte, ruhige Lebensweise (die Tiere können praktisch nie schwimmend beobachtet werden) eignen sie sich ausgezeichnet für die Haltung in Nano-Becken. Allerdings nur wenige Exemplare in einem Becken, auch um Übergriffe zwischen territorial veranlagten Tieren zu vermeiden. Als „Einrichtung" eignet sich eine Schicht getrocknetes Herbstlaub von Buche oder Eiche. Aber auch in und unter einem Polster aus Javamoos fühlen sich die Tiere wohl. Eine Versteckmöglichkeit muss aber unbedingt vorhanden sein.

Hummelgarnelen
auf der Weide.

Foto: C. Lukhaup

Fotos: C. Lukhaup

Cambarellus patzcuarensis.

# Krebse im Nano-Aquarium

Für ein Nano-Aquarium kommen nur die kleinwüchsigen Flusskrebse der Gattung *Cambarellus* in Frage. Diese Krebse sind in Nord- und Mittelamerika heimisch und kommen dort von den Südstaaten der USA bis ins Hochland von Mexiko vor.

Am besten pflegt man die Tiere in einer kleinen Gruppe im Artbecken. Sie benötigen ausreichend Versteckmöglichkeiten. Die Wohnhöhlen können aus Bambus-Röhren, Holz oder Keramik gefertigt sein, auch Aufbauten aus Natursteinen eignen sich gut dafür. Pflanzen werden kaum oder nicht gefressen, sie dienen den Krebsen aber als wichtiges Strukturelement und Klettermöglichkeit. Bevor sich die Krebse häuten, klettern sie gerne an Pflanzen hoch, um sich am Boden nicht allen möglichen Gefahren im Moment der Schälung auszusetzen. Außerdem sind die Wasserschichten nahe der Oberfläche in der Regel sauerstoffreicher als in Bodennähe.

Man kann sie gut mit kleinwüchsigen Schnecken zusammen halten, die den Krebsen auch als Nahrung dienen. Wichtiger Bestandteil der Ernährung ist Detritus und soll auch im Aquarium angeboten werden. Dafür sammelt man getrocknetes Herbstlaub vom Boden auf, wäscht es etwas durch und gibt einige Blätter gewässert ins Aquarium. Eichen- und Buchenlaub wird bevorzugt gefressen, aber auch Laub von Obstbäumen (ungespritzt!) kann verwendet werden. Blätter von stark aromatischen oder giftigen Gewächsen sowie aus mit Umweltgiften belasteten Gebieten sollte man vermeiden. Auf dem Speisezettel der Zwergkrebse stehen auch Wasserflöhe, Mückenlarven, Tubifex sowie handelsübliches Trocken- und

Frostfutter. Eine abwechslungsreiche Ernährung bildet die Grundlage für eine erfolgreiche Pflege.

Die Tiere werden unter guten Bedingungen 2-3 Jahre alt, wobei Weibchen meist länger leben als Männchen. In dieser Zeitspanne können sie bis zu viermal Jungtiere austragen und sorgen damit für ausreichend Nachwuchs.

Da Zwergkrebse tagaktiv sind, kann man mit etwas Glück eine Paarung beobachten. Das Männchen erfasst dabei das Weibchen mit den Scheren und versucht es auf den Rücken oder auf die Seite zu drehen. Mit den Schreitbeinen umklammert es den Körper des Weibchens, um es zu fixieren.

Die Begattung dauert ungefähr 15 Minuten, dabei wird das Sperma am Weibchen (im Annulus ventralis) deponiert. Danach trennen sich die Tiere und entfernen sich mit einigen Schwanzschlägen von einander.

Einige Stunden oder auch Tage nach der Paarung werden dann die Eier ausgestoßen, befruchtet und am Hinterleib befestigt. Jedes der 25 bis 50 Eier ist durch einen Faden mit den Schwimmbeinchen verbunden. Bei Gefahr schlägt das Muttertier den Hinterleib (Pleon) nach vorne, um die Eier zu schützen. Bei der Pflege werden die Schwimmfüße heftig bewegt, um die Eier mit Wasser zu umspülen und so Sauerstoff zu- sowie Stoffwechselprodukte abzuschwemmen.

Während der Tragezeit sind die Weibchen sehr stressempfindlich, fressen wenig oder gar nichts. Fühlt sich das Weibchen gestört, kann es auch passieren, dass es alle Eier auffrisst oder die Pflege vernachlässigt und so den Nachwuchs verliert. Von einem Umsetzen ist abzuraten, es kommt dann sehr oft vor, dass die Weibchen durch den Fangstress die Eier verlieren.

Nach etwa drei Wochen sind die winzigen Jungkrebse fertig entwickelt und trennen sich allmählich vom Muttertier. Man sollte sie in ein geräumiges Aufzuchtbecken umsetzen, da bei beengten Verhältnissen nur wenige Jungtiere überleben.

*Cambarellus diminutus.*

Foto: F. Bitter

# Shufeldts Zwergkrebs
## *Cambarellus shufeldtii*

Fotos: C. Lukhaup

**Herkunft:**
USA

**Größe:** ♂<30 mm
♀<40 mm

**Temp.:** 18-22 °C

**Wasserwerte:**
sehr tolerant und anpassungsfähig

*Cambarellus shufeldtii* ist ein kleiner rötlich braun bis grau gefärbter Krebs, mit dunklen Längsstreifen oder mit unregelmäßigen, in Reihen angeordneten Punkten. Es gibt zwei Varianten im Aussehen dieser Art, die in beiden Geschlechtern vorkommen. Die gestreifte Form und die punktierte oder marmorierte Form. Die Scheren sind klein, länglich, schmal und glatt, es fehlen aber die Warzen, die sonst bei den meisten nordamerikanischen Krebsen auf den Scheren vorhanden sind.

Diese Art lebt in verschiedenen Gewässern, ist tagaktiv und sitzt sehr gerne in Wasserpflanzen. Die Tiere bauen sich keine komplizierten Gangsysteme oder Höhlen, graben daher auch im Aquarium den Bodengrund nicht um. Im natürlichen Lebensraum werden nur bei sinkendem Wasserspiegel oder drohender Austrocknung kleine Hohlräume in den Schlamm gegraben, die völlig abgeschlossen sind und keinen Ausgang zur Oberfläche aufweisen. In diesen kleinen Höhlen versuchen die Tiere, die Dürre zu überdauern, um sie erst bei steigendem Wasserstand wieder zu verlassen.

Die Lebensspanne eines Weibchens beträgt ca. 1 Jahr und in dieser Zeitspanne können sie sich zwei- bis dreimal vermehren. Die Männchen werden mit 15-18 Monaten etwas älter als die Weibchen – allerdings auch später geschlechtsreif. Im Aquarium können die Tiere auch etwas älter werden.

Die durchschnittliche Eizahl beträgt 30-40 Stück. Sie benötigen für ihre Entwicklung etwa drei Wochen. Während dieser Zeit hängen die Eier am Pleon des Weibchens und werden sorgfältig gepflegt. Die Larven und Jungkrebse sind sehr klein und wären leichte Beute fast aller Fische.

von oben rechts:
*C. shufeldtii*, orangefarbenes Männchen.

Ein normal gefärbtes Tier der gleichen Art.

Fotos: C. Lukhaup

# Zwergflusskrebs
## *Cambarellus diminutus*

Foto F. Bitter

**Herkunft:**
USA

**Größe:** ♂<30 mm
♀<30 mm

**Temp.:** 18-25 °C

**Wasserwerte:**
sehr tolerant und anpassungsfähig

*Cambarellus diminutus* ist erst vor einigen Jahren nach Deutschland eingeführt worden. Diese Art kommt natürlich in den USA in den Bundesstaaten Alabama und Mississippi vor. Dort besiedelt sie kleinere stehende Gewässer und Abschnitte in Bächen oder kleinen Flüssen mit geringer Strömung. Auch in den Entwässerungsgräben entlang von Straßen sind sie zu finden. Sie leben dort eher versteckt in angeschwemmten Blättern oder in dichter Vegetation, um vor Fressfeinden sicher zu sein. Diese Krebsart verträgt zeitweise Temperaturen von über 30 °C, was in den Heimatgewässern im Sommer immer wieder vorkommt. Auch das vorübergehende Austrocknen der Gewässer wird überstanden, denn wenn der Wasserspiegel sinkt, gräbt er Gänge in den Schlamm und verbirgt sich dort.

In der Aquaristik ist die Nachzucht dieser Art eher schwierig und gelingt nur in seltenen Fällen. Daher sind nur wenige Tiere im Aquarienhandel verfügbar.

Die Färbung dieser Art ist sehr variabel und kann von hellblau bis rötlichbraun reichen. Als Zeichnung zeigen die Tiere eine leichte Marmorierung. Man hält sie am besten in einem dicht bepflanzten Aquarium ohne größere Mitbewohner. Auch ohne Heizung bei Zimmertemperatur mit den Unterschieden zwischen Sommer und Winter fühlen sich die Tiere wohl.

von oben rechts:
Hier zeigt sich die filigrane Schönheit von *C. diminutus*.

Habitat von *C. diminutus;* im Sommer heizt sich das flache Wasser stark auf, manchmal trocknen diese Gewässer auch vorübergehend aus.

Fotos F. Bitter

Foto: C. Lukhaup

Foto: F. Bitter

# Montezuma Zwergflusskrebs
## *Cambarellus montezumae*

**Herkunft:**
Mexiko

**Größe:** ♂<37 mm
♀<37 mm

**Temp.:** 18-22 °C

**Wasserwerte:**
anpassungsfähig und anspruchslos

Die aus dem mexikanischen Hochland stammende und dort noch sehr häufig anzutreffende Art ist auch in der Aquaristik weit verbreitet. Sie besiedelt sowohl langsam fließende Flüsse als auch stehende Gewässer. Wichtig ist eine dichte Unterwasservegetation. Die Temperaturen können im natürlichen Lebensraum stark schwanken und bewegen sich zwischen 10 und 30 °C. Diese Art ist kräftiger gebaut als die anderen Vertreter der Gattung und macht einen robusten Eindruck. Die Weibchen werden größer als die Männchen und haben kürzere und breitere Scheren und einen breiteren Hinterleib.

Im Durchschnitt tragen sie 30-40 Eier unter ihrem Abdomen, die einen Durchmesser von ca. 1,5 mm haben. Die Männchen bleiben mit 31 mm etwas kleiner, haben schlanke längliche Scheren und ein längliches Abdomen. Auch bei dieser Art kommen mehrere Variationen in Farbe und Form vor. Die Grundfarbe dieser Krebse ist gelbbraun oder grünbraun, manchmal mit zwei matten, breiten Streifen auf dem Carapax und dem Hinterleib.

Im Aquarium sind diese Krebse den ganzen Tag sehr aktiv und erkunden ihre Umgebung. Dabei ist die Gefahr des Auskletterns aus nicht gut abgedeckten Becken sehr groß. Da diese Art eine größere innerartliche Aggression zeigt sollte sie nur in Nano-Becken ab etwa 30 Liter und nur in geringer Stückzahl gehalten werden. Eine gute Strukturierung des Beckens ist unabdingbar, damit sich die Tiere bei der Häutung auch zurückziehen können.

Fotos: C. Lukhaup

Die Heimat des Krebses in den Sumpfgebieten des Valley of Mexico/Mexiko.

Fotos: C. Lukhaup

# Chapalanus Zwergflusskrebs
## *Cambarellus chapalanus*

**Herkunft:**
Mexiko

**Größe:** ♂<40 mm
♀ <40 mm

**Temp.:** 18-24 °C

**Wasserwerte:**
sehr tolerant

Der Chapalanus Zwergflusskrebs ist ein weiterer Vertreter der mexikanischen *Cambarellus* und ist auf den ersten Blick von *C. montezumae* nicht zu unterscheiden. Man muss dazu die Begattungsgriffel (Gonopoden) der geschlechtsreifen Männchen untersuchen und anhand dieses Merkmales die Arten bestimmen.

In der Natur besiedeln diese Krebse hauptsächlich Seen und Teiche. Sie halten sich dort am liebsten im dichten Pflanzenbewuchs auf. Die Grundfarbe ist gelblich oder bräunlich. Größenangaben aus der Natur sind von dieser Art bisher nicht bekannt doch dürfte sie mit 2-4 cm ausgewachsen sein, da die Tiere auch im Aquarium diese Größe erreichen. Die Krebse kommen mit einem pH-Wert zwischen 6 und 8 gut zurecht und sind relativ anspruchslos, auch was die anderen Wasserparameter betrifft. Die Temperatur in den natürlichen Habitaten schwankt zwischen 15 und 27 °C, die ideale Haltungstemperatur ist oben angeführt. Auch bei anderen Wasserparametern ist die Bandbreite groß, nur beim Umsetzen sind abrupte, extreme Unterschiede zu vermeiden, was auch für andere, in dieser Hinsicht tolerante Krebsarten gilt. Man sollte diese Krebse nicht mit anderen *Cambarellus*-Arten zusammen halten, da es zu unerwünschten Kreuzungen kommen kann.

von oben:
Ein Weibchen von *Cambarellus chapalanus* in dichtem Pflanzenbewuchs.

Männchen der blauen Farbvariante.

Foto: F. Bitter

Foto: C. Lukhaup

# Patzcuaro Zwergflusskrebs
## *Cambarellus patzcuarensis*

Fotos: C. Lukhaup

**Herkunft:**
Mexiko

**Größe:** **♂<50 mm**
**♀<50 mm**

**Temp.:** **15-25 °C**

**Wasserwerte:**
pH 7,5-9

Dieser Zwergflusskrebs ist mittlerweile die am häufigsten gepflegte Art und besonders die orange Farbvariante, die von den Züchtern und Haltern auch CPO (= „Cambarellus Patzcuarensis Orange") genannt wird, ist in jedem gut sortierten Aquaristikgeschäft zu finden.

Es handelt sich hierbei um einen Zwergkrebs aus dem Hochland von Mexiko, der als Wildform eher hellbraun oder dunkelbraun gefärbt ist. Viele der Tiere haben dunklere Streifen auf der Oberseite und manche von ihnen kleine hellere und auch dunklere Flecken. Auch die orange Form weist diese Musterung auf, die bei beiden Geschlechtern auftritt. Es gibt auch viele Abstufungen und Mischformen, sowohl in Farbe als auch in Musterung. Die Vermehrung im Aquarium macht immer wieder Schwierigkeiten, besonders die orange Farbform, die ja nur von wenigen Individuen abstammt. Durch Einkreuzen der Wildform wurde versucht, die genetische Varianz der orangefarbigen Population wieder zu verbreitern.

Die Tiere in freier Natur haben eine Körperlänge von 22-40 mm, wobei die Weibchen in der Regel größer als gleichaltrige Männchen sind. Im Aquarium sind Weibchen bis auf 50 mm Körperlänge herangewachsen.

*Cambarellus patzcuarensis* kommt nur im Gebiet des „Lago de Patzcuaro" im Staat Michoacan/Mexiko vor. Die Krebse sind sehr häufig in der Uferregion im dichten Wasserpflanzenbewuchs zu finden.

von oben:
*C. patzcuarensis*,-Weibchen mit Gelege.

Eine Gruppe der beliebten und dekorativen orangefarbenen Zwergflusskrebse.

Fotos: C. Lukhaup

*Orangefarbene Posthornschnecke.*

# Schnecken im Nano-Becken

**1** Blaue Posthornschnecke.

**2** Spitzschlammschnecken sind als starke Pflanzenfresser für Nanoaquarien nicht geeignet.

**3** Turmdeckelschnecke.

**4** Apfelschnecken gibt es in vielfältigen Farbvarianten.

Wasserschnecken übernehmen im Nano-Becken vielfältige und wichtige Funktionen und sind – vor allem beim näheren Betrachten – faszinierende und sehr dekorative Lebewesen.

Häufig werden Nano-Aquarien mit wenig Technik ausgestattet, teilweise sogar ganz ohne Technik betrieben. Bodenaktive Schnecken (z.B. *Melanoides tuberculatus*) sind dann von großer Bedeutung. Sie durchwühlen den Bodengrund, lockern ihn und bringen Sauerstoff in tiefere Schichten. Futterreste, die sich im oberen Teil des Grundes oder in fast unzugänglichen Spalten abgelagert haben, werden aufgespürt und verwertet. Abgestorbene Pflanzenteile und Aas gehören ebenfalls auf ihren Speiseplan. So verhindern sie häufig die Bildung von Fäulnisherden und ihre Exkremente düngen zusätzlich den Boden für die Wasserpflanzen.

Wasserschnecken, die über dem Grund, auf hartem oder weichem Substrat leben, sind als Abfallverwerter und Algenfresser ebenso vorteilhaft. Das Hantieren in den kleinen Becken für Reinigungsarbeiten (z.B. Algen von den Scheiben kratzen oder Mulm absaugen) kann man durch das Einsetzen von Wasserschnecken auf ein Minimum reduzieren. Bei einem gut ausgewählten Besatz fällt diese Arbeit und die damit zusammenhängende Störung des Minibiotops ganz aus. Kleine Neritiden (z.B. *Clithon* sp.) sind Tiere, welche auf hartem Substrat unermüdlich Algen abweiden. Sie halten die Einrichtungsgegenstände und die Aquarienscheiben sauber. Wobei zu beachten ist, dass diese Schnecken, je nach Art, nicht an angebotenes Zusatzfutter gehen und ein Überbesatz deswegen vermieden werden sollte. Die übrigen gängigen

*Clithon sowerbyana.*

Schnecken und Exoten zeigen sich ebenfalls als nützlicher Besatz.

Abgesehen von ihren Fress- und Lebensgewohnheiten, die sie zum Nano-Besatz erster Klasse machen, kann man aus ihrem Verhalten auch Rückschlüsse auf die Wasserqualität ziehen. Bei „schlechten" Wasserwerten (z.B. Ansteigen des Nitritgehaltes oder anderer Giftstoffe und Schwermetalle) zeigen Schnecken zügig und eindeutig an, dass das Wasser kontaminiert ist. Untrügliches Zeichen für einen Nitritanstieg ist das plötzliche Zudeckeln der Deckelschnecken oder das Verlassen des Wassers.

Aber nicht nur der Nutzen dieser Tiergruppe soll im Vordergrund stehen, sondern auch die Schönheit und Eleganz, die diese Tiere besitzen und zu einem lohnenden Alleinbesatz machen.

Die meisten aufgeführten Schnecken sind mit Zwerggarnelen und anderen Schnecken zu vergesellschaften. Besonderheiten, die es hierbei zu beachten gilt, sind bei den einzelnen Arten angeführt. Die Wasserschnecken zeigen sich, mit Bedacht gewählt, als flexible, hilfreiche und schöne Tiergruppe.

1

Foto: F. Bitter

2

Foto: C. Lukhaup

3

Foto: A. Helmenstein

4

Foto: C. Lukhaup

# Turmdeckelschnecke

## *Melanoides tuberculatus*

Fotos: A. Helmenstein

**Herkunft:**
Afrika, Asien

**Größe:** ♂<30 mm
♀<30 mm

**Temp.:** 18-32 °C

**ph-Wert:** 5-8,5

Die *Melanoides tuberculatus* besitzt ein turmförmiges Gehäuse mit Deckel. Ihr Verbreitungsgebiet liegt im tropischen und subtropischen Klima von Afrika bis nach Asien. Mit Temperaturen zwischen 18 und 32 Grad kommt sie gut zurecht. Sie besiedelt erfolgreich Gebiete mit pH-Werten um 5, aber auch bei pH um 8,5 hält sie sich. Selbst in Brackwasser setzt sie sich durch und vermehrt sich. Als Vorderkiemer ist die Turmdeckelschnecke getrenntgeschlechtlich angelegt. Die unbefruchteten Weibchen vermehren sich durch Parthenogenese (Weibchen klonen sich). Die Embryonen wachsen im Brutbeutel heran. Eine Mutterschnecke kann ein bis drei Jungtiere entlassen.

Wie auch in der Natur, ernährt sich die Turmdeckelschnecke von *Detritus*, verrottenden Pflanzenteilen und Aas, jeder Art von zugeführtem Futter, ebenso von Gemüse, Nudeln und Blattwerk.

Foto: C. Lukhaup

# Posthornschnecke

## *Planorbella duryi duryi*

*Planorbella duryi duryi* wird bis ca. 20 mm groß und besitzt keinen Deckel. Die Posthornschnecke besitzt Hämoglobin (roten Blutfarbstoff). Gezielt wird sie in verschiedenen Farbvariationen gezüchtet. Ursprünglich kommt die verbreitetste *Planorbella* – *Planorbella duryi duryi* – aus Florida. Man findet sie in langsam fließenden oder stehenden, stets aber pflanzenreichen Gewässern. Sie vermehrt sich in Weich- bis Hartwasser bei einem pH-Wert ab 5,5. Liegt der pH-Wert unter 7,5, sieht man das sehr schnell an ihrem korrodierenden Gehäuse. Posthornschnecken sind Zwitter und zur Selbstbefruchtung fähig. Die ovalen Gelege beinhalten je nach Art zwischen 15 und 30 Eier. Aas, abgestorbene Pflanzen, Algen und Futterreste gehören zu ihrer Nahrung. Sobald diese Schnecken oberhalb der Wasseroberfläche zu finden sind, sollte das Wasser umgehend auf seine Güte überprüft werden.

**Herkunft:**
Florida

**Größe:** ♂<20 mm
♀<20 mm

**Temp.:** 18-30 °C

**ph-Wert:** 5,5-8,5

Fotos: F. Bitter

# Blasenschnecken

# Physidae (Familienname)

**Herkunft:**
global verbreitet

| | | |
|---|---|---|
| **Größe:** | **♂<15 mm** | |
| | **♀<15 mm** | |
| **Temp.:** | **0-30 °C** | |
| **ph-Wert:** | **5-8,5** | |

Die Physidae bilden eine große Familie und sind bei fast allen Aquarianern die erste Art, die unaufgefordert im Aquarium erscheint. Es gibt heimische und ausländische Arten, die sich im Aquarium etabliert haben. Sie besitzen ein helles, hornfarbiges bis zu 15 mm großes Gehäuse, das meist durchscheinend ist. Die Merkmale der einzelnen Arten bleiben unbesprochen. Zusammenfassend finden wir die Physiden auf der ganzen Welt im gemäßigten Klima. In der Natur besiedeln sie pflanzenreiche, auch stehende Gewässer. Sie kommen mit pH-Werten zwischen 5 und 9,5 und entsprechend unterschiedlicher Härte des Wassers gut zurecht. Blasenschnecken sind zwittrig angelegt und zur Selbstbefruchtung fähig. Sie verkleben ihre transparenten Gelege an hartblättrigen Pflanzen oder auch an Aquarienscheiben. Alles anfallende organische Material (außer Aas) wird gefressen.

Fotos: C. Lukhaup

Foto: F. Bitter

Foto: C. Lukhaup

# Schlammschnecke

## *Radix balthica*

**Herkunft:**
global verbreitet

| | |
|---|---|
| **Größe:** | **♂<14 mm** |
| | **♀ <14 mm** |
| **Temp.:** | **0-30 °C** |
| **ph-Wert:** | **5-8,5** |

*Radix balthica* wird ca. 1,4 cm groß. Das Gehäuse ist dunkel hornfarben oder gelblich. Die Fühler sind deutlich dreieckig, anders als bei den Blasenschnecken, mit denen sie häufig verwechselt werden. Sie bewohnen langsam fließende und stehende pflanzenreiche Gewässer im gemäßigten Klima. Zwittrig angelegt beherbergen sie beide Geschlechtsorgane und sind zur Selbstbefruchtung fähig. An hartem Substrat findet man die länglich geformten Laichstränge, die zwischen 20 und 30 Eier beherbergen. Die Schlammschnecke frisst alles, was sie finden kann, bei starkem Hunger nimmt sie auch Blaualgen zu sich. Vorsicht bei Vergesellschaftung mit anderen Schnecken, denn auf ihrem Speiseplan stehen auch deren Gelege. Man sollte den Schlammschnecken eine „Landzone" zur Verfügung stellen, denn gerne klettern sie mal über den Rand des Aquariums.

Eigelege einer Schlammschnecke.

Foto: F. Bitter

# Spike

## *Clithon sowerbyana*

**Herkunft:**
Japan bis Indonesien

| | | |
|---|---|---|
| **Größe:** | ♂ | **15 mm** |
| | ♀ | **15 mm** |
| **Temp.:** | | **20-30 °C** |
| **ph-Wert:** | | **5,5-8,5** |

*Clithon sowerbyana* ist die favorisierte Schnecke unter den *Clithon.* Sie wird in Japan, China, Malaysia, Taiwan und Indonesien gefunden. Sie besiedelt tropisches und subtropisches Klima. Man kann sie mitunter in kleinsten, schlammigen Pfützen mit wenig Wasser finden, sie kommt aber auch in Brandungszonen vor, denn sie ist sowohl an Brack- als auch Süßwasser angepasst. Nach der Befruchtung verklebt das Weibchen kleine weißliche ovale Kokons, die nach einiger Zeit aufbrechen. Die geschlüpften Larven sind aber in unseren Aquarien nicht überlebensfähig. Sie benötigen Meer- oder Brackwasser sowie spezielle Nahrung zur Entwicklung. Diese Art frisst Algen und das sehr ausdauernd. Steht das Becken sonnig, bilden sich schnell kleine harte Grünalgen, was für sie von Vorteil ist. Gerne mag sie es strömungsstark und ist natürlich auch für Brackwasserbecken geeignet.

Fotos: C. Lukhaup

# Zebrarennschnecke *Neritina (Vittoida) coromandeliana*

**Herkunft:**
Indonesien

**Größe:** ♂ 25 mm
♀ 25 mm

**Temp.:** 20-30 °C

**ph-Wert:** 6-8,8

Die *Neritina (Vittoida) coromandeliana* ist beliebt und sehr begehrt. Das bis zu 25 mm lange Haus ist konisch bis oval, die Oberfläche glatt. Sie besitzt einen Deckel. Die Spitze des Hauses ist bei *N. coromandeliana* meist korrodiert. Diese Schnecke findet ihre Verbreitung von Sumatra über Indonesien nach Polynesien, den Philippinen und einen kleinen Bereich in Thailand. Als Habitat nutzt sie mündungsnahe Flüsse und Brackwasserkanäle, die ins offene Meer führen. Für Temperatur und Wasserwerte gelten die selben Empfehlungen wie bei der *Clithon*. Auch die Fortpflanzungsbiologie ist identisch mit der Gattung *Clithon*. Eine Vermehrung im Aquarium ist also ausgeschlossen. Die Ernährung ist nach der Eingewöhnungszeit einfach, sie nimmt Gemüse, Laub und Futtertabletten an. Sowohl in Brackwasser als auch in Süßwasser kann sie gehalten werden.

Fotos: C. Lukhaup

# Raubschnecke
# *Anentome helena*

Fotos: C. Lukhaup

**Herkunft:**
Indonesien

**Größe:** **♂ 15 mm**
**♀ 15 mm**

**Temp.:** **20-30 °C**
**ph-Wert:** **6-8,5**

Das Gehäuse von *Anentome helena* ist bis zu 15 mm lang, beige mit schwarzen Querbändern oder auch einfarbig. Sie besitzt stark ausgeprägte Querrippen und einen Deckel. Es sind Funde aus Indonesien, Thailand, Java und Südostasien bekannt. Besiedelt werden unterschiedlichste Habitate, ob es nun schnell fließende Flüsse, schlammig sandige Ufer, ausgetrocknete Flussbetten oder Stromschnellen sind. Die Vorkommen liegen immer im tropischen und subtropischen Klima. Sie vermehrt sich sowohl im Weich- als auch im Hartwasser bei unterschiedlichsten pH-Werten. Sie ist eine getrenntgeschlechtliche Art. Das Weibchen verklebt einige Tage nach der Befruchtung ein Ei meist einzeln auf harten Untergrund. Als fleischfressende Schnecke frisst sie am liebsten andere Schnecken, sie nimmt aber auch künstliches Futter mit hohem Anteil an Protein auf.

Foto: F. Bitter

# Zebraapfelschnecke
## *Asolene spixi*

Foto: C. Lukhaup

*Asolene spixi* erreicht eine Gehäusegröße von 3,5 cm, sie besticht mit ihrer gelb bis beigefarbenen Grundfarbe mit dunklen, fast schwarzen Bändern. Das Haus besitzt einen Deckel, die Unterseite ist immer dunkel und die Oberseite stets hell gefärbt. Ihr Lebensraum liegt im subtropischen Wechselklima mit kühleren Wintern. Sie lebt in Flüssen, Seen, Gräben und Kanälen. Die Zebraapfelschnecken sind getrenntgeschlechtlich, das Weibchen legt ihre Gelege (10-20 Eier) im Wasser ab. Gerne fressen sie intakte Wasserpflanzen mit nur wenigen Ausnahmen wie Javamoos, Wasserpest und Muschelblumen. Zusätzliches Futter in Form von Gemüse bis Mückenlarven und Tabs werden nicht verschmäht. In einem ruhigen Artenbecken, ohne weitere Störung, kommt *Asolene spixi* richtig zur Geltung. Ein aufdringlicher Mitbesatz lässt sie verharren und sich zurückziehen.

**Herkunft:**
Brasilien

| | |
|---|---|
| **Größe:** | **♂<35 mm** |
| | **♀<35 mm** |
| **Temp.:** | **18-28 °C** |
| **ph-Wert:** | **6,5-8,5** |

Fotos: F. Bitter

# Pianoschnecke

## *Taia naticoides*

**Herkunft:**
Burma bis Südostasien

| | |
|---|---|
| **Größe:** | **♂<40 mm** |
| | **♀<40 mm** |
| **Temp.:** | **18-28 °C** |
| **ph-Wert:** | **7-8,5** |

*Taia naticoides* werden bis 4 cm lang und besitzen einen Deckel. Auf ihrem olivenfarbenen Haus zeigen sich kleine Höckerchen und meist drei braune spiralförmig verlaufende Streifen. Sie gehören zum Ernährungstyp der Filtrierer. An beiden Körperseiten findet man eine Mantelveränderung. Rechts wird das Wasser ausgeströmt, links wird es eingesaugt. Man findet sie von Burma bis Vietnam, in Indien und Südostasien. Bei den Männchen ist der rechte Fühler gleichzeitig das Fortpflanzungsorgan. Sie sind lebendgebärend. Wichtig ist das Füttern von Staubfutter (Filtrierer!), zusätzlich fressen sie tierische und pflanzliche Nahrung, von Gemüse über Mückenlarven und Futtertabletten. Auf Futterkonkurrenz (andere Filtrierer wie z.B. Muscheln) sollte verzichtet werden.

Fotos: C. Lukhaup

Foto: D. Gröbel

# Turboschnecke
## *Celetaia persculpta*

*Celetaia persculpta* besitzen ein beiges bis braunes Gehäuse und werden bis zu 4,5 cm breit. Auffällig sind ihre starken Rippen am Gehäuse, welches meist stark korrodiert ist. Sie besitzen einen Deckel. In ihrem Habitat, dem Pososee in Sulawesi, liegen die Temperaturen des Weichwassers zwischen 27 und 29 Grad. Sie gehören zu den getrenntgeschlechtlichen Vivipariden und sind somit nicht nur Weidegänger, sondern auch Filtrierer. Turboschnecken entlassen fertige, ca. 1 cm große, Jungtiere. Über eine gelungene Aufzucht bis ins adulte Stadium ist noch nichts bekannt. Staubfütterung und Zugabe von Gemüse, Mückenlarven und Futtertabletten sind notwendig. Sie bewegen sich bevorzugt auf Hartsubstrat, wühlen aber auch gerne mit ihrem Fuß im Sand, um nach Futter zu suchen. Die Alttiere sind häufig in Ruheposition und eher in der Dunkelheit unterwegs.

**Herkunft:**
Sulawesi (Pososee)

| | |
|---|---|
| **Größe:** | **♂ 45 mm** |
| | **♀ 45 mm** |
| **Temp.:** | **27-29 °C** |
| **ph-Wert:** | **7,5-8,5** |

Fotos: C. Lukhaup

# Mini-Fische fürs Aquarium

Klein sind die Fische zu Anfang eigentlich alle. Wer aber ein Nano-Aquarium mit Fischen besetzen will, der wird in erster Linie nach der Endgröße schauen müssen, denn Platz ist nun einmal etwas, was in Kleinaquarien in nur geringem Umfang zur Verfügung steht.

In Deutschland hat man sich bereits vor Jahren um das Wohl der Fische Gedanken gemacht, was zur Schaffung von Richtlinien führte, den „Mindestanforderungen an die Haltung von Zierfischen (Süßwasser)". Im Prinzip liegt damit ein Gutachten über die Anforderungen an die Haltung von Zierfischen vor, die eben auch den Platzbedarf berücksichtigen. Oft ist der sehr hoch angesetzt, allerdings lässt man Kleinaquarien zu Zuchtzwecken ebenfalls zu. In der Praxis hat es sich außerdem gezeigt, dass einige Arten – Biotopspezialisten – gerade in größeren Aquarien nur schlecht zurecht kommen und sich dort beispielsweise nicht fortpflanzen. Nachfolgend haben wir eine kleine Auswahl an Arten verschiedener Fischfamilien zusammengestellt, die in Nano-Aquarien zu halten und – manchmal mit etwas Aufwand – auch nachziehbar sind. Wert gelegt haben wir auf ein ruhiges, friedfertiges Wesen, Gesellschaftsfähigkeit und die Akzeptanz von Ersatzfutter (trotzdem freuen sich alle Fische über Lebendfuttergaben).

Wichtig erscheint uns eines: Falls Sie die Möglichkeit haben, im Bereich der Nano-Aquarien zwischen unterschiedlichen Größen (Beckeninhalten) zu wählen, sollten Sie sich immer für das größere Aquarium entscheiden. Es gilt die Regel – je kleiner das Aquarium, desto labiler die Bedingungen.

rechts:
Eine Gruppe von *Hyphessobrycon amandae* im dicht bewachsenen Aquarium.

**Achtung!** **Deutschland und Österreich erlauben die Haltung von Fischen erst ab einem Beckenvolumen von 54 Litern. Zur Zucht und bei besonders kleinen Arten sind Abweichungen möglich.**

Fotos: F. Eitter

Foto: B. Kahl

Fotos: F. Bitter

**Herkunft:**
Südöstliche USA

| | | |
|---|---|---|
| **Größe:** | ♂ | **25 mm** |
| | ♀ | **35 mm** |
| **Temp.:** | | **18-26 °C** |
| **pH:** | | **6,5-8,0** |
| **GH:** | | **5-20°** |
| **KH:** | | **4-18°** |

**Futter:**
Frost-, Kunstfutter

**Fortpflanzung:**
lebendgebärend

## Zwergkärpfling
### *Heterandria formosa*

Zu den Lebendgebärenden Zahnkarpfen gehört diese klein bleibende Art. Sie hat bereits eine längere aquaristische Vergangenheit. Die Tiere schwimmen auf der Suche nach Nahrung bis in die hinterste Ecke des Aquariums.

Das Männchen trägt ein schwertähnliches äußeres Geschlechtsteil, das sogenannte Gonopodium. Mit dessen Hilfe werden Spermapakete ins Weibchen transportiert. Der Nachwuchs entwickelt sich im Körper des Weibchens zum fertigen Jungfisch und wird, über mehrere Tage verteilt, einzeln freigesetzt. Nach der Geburt ist er sofort selbstständig. Die Eltern stellen den Jungen nicht nach und sind überhaupt sehr friedlich.

Fotos: F. Bitter

**Herkunft:**
Südamerika, Kolumbien

| | | |
|---|---|---|
| **Größe:** | ♂ | **20 mm** |
| | ♀ | **25 mm** |
| **Temp.:** | | **23-27 °C** |
| **pH:** | | **6,5-7,8** |
| **GH:** | | **5-20°** |
| **KH:** | | **4-18°** |

**Futter:**
Lebend, Frost- und Kunstfutter

**Fortpflanzung:**
lebendgebärend

## Eleganter Zwergkärpfling
### *Neoheterandria elegans*

Dieser Lebendgebärende Zahnkarpfen mag niedrige Wassertemperaturen überhaupt nicht. Er gibt sich sehr scheu, wenn Deckung in Form von Schwimmpflanzen und feinfiedrigen Wasserpflanzen fehlt. Bevorzugt hält er sich in den mittleren und oberen Wasserschichten auf.

Das Männchen bleibt etwas kleiner als das Weibchen und ist an seinem Begattungsorgan, dem Gonopodium zu erkennen. Befruchtete Weibchen setzen nach einer Tragezeit von knapp einem Monat die Jungen einzeln und über mehrere Tage verteilt ab. Diese benötigen anfangs feinstes Aufzuchtfutter. Kannibalismus kommt bei ausreichend ernährten Elterntieren nicht vor. Gegenüber anderen Aquarienbewohnern vollkommen harmlos.

## Ringelhechtling
### *Pseudepiplatys annulatus*

Der Ringelhechtling gehört zu den Eierlegenden Zahnkarpfen und ist in der Aquaristik ein alter Bekannter. Er lebt überwiegend oberflächenorientiert, weshalb man für ihn mit einigen eingebrachten Schwimmpflanzen Rückzugsmöglichkeiten schaffen sollte.
Die Eier werden vom Weibchen an feinfiedrigen Wasserpflanzen, Wurzelbärten oder künstlichem Laichsubstrat abgesetzt und gleichzeitig vom Männchen befruchtet. Der frisch geschlüpfte Nachwuchs benötigt zunächst Versteckmöglichkeiten und feinstes Lebendfutter. Dieser Killifisch ist eine durchweg friedliche Art. Selbst die Männchen tragen untereinander meist nur Imponierkämpfe aus.

Fotos: F. Bitter

**Herkunft:**
Westafrika, Guinea, Liberia, Sierra Leone

**Größe:** ♂ 35 mm, ♀ 30 mm

| | |
|---|---|
| **Temp.:** | **20-28 °C** |
| **pH:** | **5,8-7,5** |
| **GH:** | **1-12°** |
| **KH:** | **1-10°** |

**Futter:**
Lebend-, Frost und Kunstfutter

**Fortpflanzung:**
haftlaichend

## Blauer Leuchtaugenfisch
### *Aplocheilichthys normani*

Normans Leuchtaugenfisch sollte man stets in einer kleineren Gruppe halten. Diese Eierlegenden Zahnkarpfen halten sich meist im freien Schwimmraum in den mittleren bis oberen Wasserschichten auf.
Gelaicht wird paarweise als Haftlaicher. Meist werden die Eier an Wurzeln von Schwimmpflanzen, feinfiedrigen Pflanzen oder künstlichen Laichsubstraten abgesetzt. Es gibt keine Brutpflege. Die Jungen orientieren sich anfangs zur Oberfläche hin. Angefüttert werden kann mit feinem Staubfutter. Im Aquarium legen die Männchen untereinander durch Kommentkämpfe eine Rangordnung fest. Gegenüber anderen Arten kommt es zu keinen Übergriffen.

Foto: C. Lukhaup

**Herkunft:**
Westafrika, Senegal bis Nigeria

**Größe:** ♂ 35 mm, ♀ 35 mm

| | |
|---|---|
| **Temp.:** | **20-28 °C** |
| **pH:** | **6,0-7,8** |
| **GH:** | **2-15°** |
| **KH:** | **2-12°** |

**Futter:**
Lebend-, Frost und Kunstfutter

**Fortpflanzung:**
haftlaichend

Fotos: F. Bitter

Fotos: F. Bitter

## Sichelfleckpanzerwels
### *Corydoras hastatus*

**Herkunft:**
Südamerika, Brasilien bis Paraguay

| | |
|---|---|
| **Größe:** | **♂ 25 mm** |
| | **♀ 30 mm** |
| **Temp.:** | **20-28 °C** |
| **pH:** | **6,0-7,8** |
| **GH:** | **2-20°** |
| **KH:** | **2-15°** |

**Futter:**
Lebend-, Frost- und Kunstfutter

**Fortpflanzung:**
haftlaichend

Dieser Zwergpanzerwels verhält sich nicht ganz typisch für einen *Corydoras*: Fast ständig schwimmt er umher und ist damit nicht so substratgebunden wie die meisten seiner Verwandten. Die Art gilt als relativ anpassungsfähig. Man sollte die Tiere immer in einer kleinen Gruppe halten.

Dem Ablaichen voraus geht eine aktive Schwimmphase. Die Eier werden einzeln an Pflanzen und Dekorationsmaterial abgesetzt und unmittelbar vom Männchen befruchtet. Es gibt keine Brutpflege. Die anfangs winzigen Jungen sollten in einem eingefahrenen Aquarium zunächst ausreichend Feinstnahrung finden. Bald können Salinenkrebsnauplien zugefüttert werden. Diese friedlichen Panzerwelse bilden in der Natur oft zusammen mit ähnlich gezeichneten Salmlern lose Verbände.

Fotos: C. Lukhaup

## Feuersalmler
### *Hyphessobrycon amandae*

**Herkunft:**
Südamerika, Brasilien

| | |
|---|---|
| **Größe:** | **♂ <30 mm** |
| | **♀ <30 mm** |
| **Temp.:** | **23-28 °C** |
| **pH:** | **5,5-7,2** |
| **GH:** | **2-12°** |
| **KH:** | **2-10°** |

**Futter:**
Lebend-, Frost- und Kunstfutter

**Fortpflanzung:**
freilaichend

Jahreszeitlich bedingt wird dieser Zwergsalmler im Fachhandel angeboten. Er liebt nicht zu hell beleuchtete Aquarien und viele Versteckmöglichkeiten in Form von Pflanzen, Laub und verzweigtem Wurzelholz. Unbelastetes Wasser ist wichtig.

Die Zucht ist alles andere als einfach und gelingt nur bei schwach sauerem pH-Wert und niedriger Härte. Gelaicht wird an/über feinfiedrigem pflanzlichem Substrat, danach bleiben die Eier sich selbst überlassen. Die geschlüpften Larven sind winzig und wegen ihrer Transparenz kaum zu entdecken. Wenn der Nachwuchs dann schwimmfähig ist, muss mit feinstem Lebendfutter (z.B. Pantoffeltierchen) angefüttert werden. Die Art ist ansonsten friedfertig und lässt sich zum Beispiel mit Zwergpanzerwelsen gut vergesellschaften.

## Schilfsalmler
***Hyphessobrycon elachys***

Fotos: F. Bitter

Diese Salmlerart erinnert an *Corydoras hastatus*, mit dem man sie auch in einer kleinen Gruppe vergesellschaften kann. Sie mag einen Wechsel von dicht begrünten und freien Flächen. Die Männchen bleiben etwas kleiner als die Weibchen, besitzen ausgezogene Flossen und tragen manchmal untereinander Kommentkämpfe aus, bei denen Verletzungen aber nicht vorkommen.
Die Zucht ist unergiebig und nicht ganz einfach. Sie gelingt am ehesten im Daueransatz über dichten Moospolstern, zwischen denen die winzigen Jungen zunächst auch auf die Jagd nach Mikroorganismen gehen. Auch in der Natur bilden diese Zwergsalmler gemeinsam mit anderen Kleinfischen lose Verbände, was eine Vergesellschaftung im Aquarium reizvoll macht.

**Herkunft:**
Südamerika, Paraguay

| | | |
|---|---|---|
| **Größe:** | ♂ | **25 mm** |
| | ♀ | **25 mm** |
| **Temp.:** | | **22-28 °C** |
| **pH:** | | **5,5-7,5** |
| **GH:** | | **2-18°** |
| **KH:** | | **2-16°** |

**Futter:**
Lebend-, Frost- und Kunstfutter

**Fortpflanzung:**
freilaichend

## Adonis-Salmler
***Lepidarchus adonis***

Foto: C. Lukhaup

Foto: F. Bitter

Ein sehr scheuer Kleinsalmler, der erst in Gesellschaft mit anderen Fischen zutraulicher wird. Eine Gruppenhaltung ist empfehlenswert. Bei der Aquariengestaltung sollten Rückzugsmöglichkeiten eingeplant werden. Eine abgeschattete Beleuchtung verstärkt die metallischen Reflexfarben des Körpers.
Die Zucht dieser absolut friedfertigen Art scheint bisher nur in Ausnahmefällen gelungen zu sein. Dabei sind niedriger pH-Wert und weiches Wasser wichtigste Voraussetzungen. Die meisten angebotenen Tiere kommen aus Guinea. Bei Haltung unter den angegebenen Bedingungen sind es sehr ausdauernde Aquariumbewohner, die mehrere Jahre alt werden können. Als Friedfische lassen sie sich mit Arten ähnlichen Temperaments hervorragend vergesellschaften.

**Herkunft:**
Westafrika, Ghana bis Elfenbeinküste

| | | |
|---|---|---|
| **Größe:** | ♂ | **25 mm** |
| | ♀ | **25 mm** |
| **Temp.:** | | **22-27 °C** |
| **pH:** | | **5,5-6,5** |
| **GH:** | | **2-6°** |
| **KH:** | | **2-5°** |

**Futter:**
Lebend-, Frost- und Kunstfutter

**Fortpflanzung:**
freilaichend

## Moskitobärbling
### *Boraras brigittae*

**Herkunft:**
Asien, Borneo

| | | |
|---|---|---|
| **Größe:** | ♂ | **25 mm** |
| | ♀ | **25 mm** |
| **Temp.:** | | **24-27 °C** |
| **pH:** | | **6,0-7,5** |
| **GH:** | | **2-12°** |
| **KH:** | | **2-10°** |

**Futter:**
Lebend-, Frost- und Kunstfutter

**Fortpflanzung:**
freilaichend

Als anspruchslose und leicht zu pflegende Fische zeigen sich diese Zwergbärblinge. Man kann das Aquarium dicht bepflanzen und auch Schwimmpflanzen einbringen, denn gerade bei nicht zu intensiver Beleuchtung zeigen diese Fische ihre schönsten Farben. Eine Gruppenhaltung ist sinnvoll, sollen die Tiere sich wohl fühlen. Die Vermehrung ist schwierig, aber durchaus möglich. Sie setzt sehr weiches und saueres Wasser mit einer Temperatur um 27 °C voraus. Am besten ist ein Daueransatz von zehn Tagen und Torffasern als Laichsubstrat. Wenn die Eltern aus dem Zuchtbecken entfernt werden, sieht man ein paar Tage später die ersten Larven. Die frei schwimmende Brut benötigt anfangs feinstes Lebendfutter (Infusorien), geht bald aber auch an Staubfutter. Zwergbärblinge sind allgemein friedfertig und gesellschaftsfähig.

## Zwergbärbling
### *Boraras maculatus*

**Herkunft:**
Asien, Borneo

| | | |
|---|---|---|
| **Größe:** | ♂ | **<30 mm** |
| | ♀ | **<30 mm** |
| **Temp.:** | | **24-27 °C** |
| **pH:** | | **6,0-7,5** |
| **GH:** | | **2-12°** |
| **KH:** | | **2-10°** |

**Futter:**
Lebend-, Frost- und Kunstfutter

**Fortpflanzung:**
freilaichend

In ihrer Heimat Bewohner von Schwarzwasser bis Klarwasser, sind die Zwergbärblinge in der Pflege relativ anspruchslos. Das Bodensubstrat sollte dunkel sein, die Beleuchtung durch Schwimmpflanzen etwas gedämpft, die Einrichtung versteckreich und mit Rückzugsmöglichkeiten versehen. Eine Gruppenhaltung ist zu empfehlen.

Die Vermehrung stellt sich im Artaquarium gelegentlich von selbst ein, ansonsten verfährt man wie für *Boraras brigittae* erklärt. Auch diese und die weiteren, hier nicht näher behandelten *Boraras*-Arten sind gegenüber anderen Fischen absolut tolerant, so dass einer gemeinsamen Haltung mit Zwergarten aus ähnlichem Milieu nichts im Wege steht.

Fotos: C. Lukhaup

Fotos: B. Kahl

# FAQs

Foto: SXC

Foto: SXC

### Wie ermittele ich Wasserwerte und wie kann ich sie regulieren?

Wenn man sein Leitungswasser unverändert verwenden kann, gehört man zu den glücklichen oder den vernünftigen Aquarianern – glücklich dann, wenn das Wasser für die gewünschten Tiere passt, vernünftig aber, wenn die Bewohner nach dem vorhandenen Wasser ausgesucht werden!

Ist dies nicht der Fall, muss man die Wasserwerte mit handelsüblichen Tests erheben und nach Bedarf verändern. Bei zu hartem Wasser kann man mit Umkehrosmose arbeiten, bei der Absenkung des pH-Wertes mit Huminsäure, verschiedenen Präparaten zur pH-Beeinflussung oder natürliche Mittel wie Erlenzapfen (-extrakt) oder Torf verwenden. Da die Wassermenge sehr gering ist, braucht die Dosierung große Sorgfalt. Nie das Mittel ins Aquarium geben, immer das Wechselwasser vorbereiten und dann ins Aquarium geben!

Fotos: C. Lukhaup

## Was mache ich, wenn die Algen wuchern?

Wenn Algen überhandnehmen, ist immer ein Überschuss und/oder ein Mangel im Aquarium vorhanden. Überschuss ist meist an Nährstoffen und Licht (z.B. direktes Sonnenlicht), Mangel herrscht dann oft an erwünschten „Konsumenten" dieser Nährstoffe (z. B. Pflanzen), Spurenelementen oder $CO_2$.

Nährstoffzufuhr (Fütterung) einschränken, Standort überdenken, Leuchtmittel und Beleuchtungszeiten anpassen (wenn nötig verkürzen) oder die Anwendung einer $CO_2$-Düngung überlegen.

Fotos: SXC

## Was mache ich mit Planarien und eingeschleppten Schnecken?

In kleinen Wasserkörpern ist die chemische Bekämpfung unerwünschter Bewohner sehr problematisch. Allein die Dosierung von z. B. Flubenol gegen Planarien, bei dem 0,4 g bei 5 % Wirkstoff auf 100 Liter zur Anwendung kommen, ist für Nano-Becken eine Herausforderung (s. unten)! Am besten man lockt die unerwünschten Mitbewohner mit einem Köder (Fleisch- oder Leberstückchen bei Planarien, Gemüse/Futtertablette bei Schnecken) an einen Platz zum Absammeln oder verwendet eine Schneckenfalle.

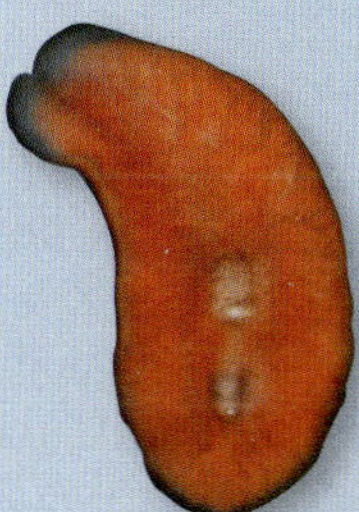

Fotos: F. Bitter

Foto: SXC

Foto: JBL

**Wie oft muss ich das Wasser wechseln?**

Am besten wöchentlich bis zu 50 % der Wassermenge. Damit das fragile Gleichgewicht nicht jedes Mal erheblich gestört wird, sollte das Wechselwasser vorbereitet, auf die gewünschten Werte eingestellt und temperiert werden. Versäumt man das regelmäßige Wechseln und die Wasserwerte entfernen sich immer weiter vom Ausgangswasser (= Wechselwasser), kann der Wasserwechsel zu einem bösen Stresserlebnis der Bewohner werden!

Foto: Tetra

**Wie oft und wie viel muss ich füttern?**

Es kommt natürlich zunächst darauf an, welche Tiere und wie viele Sie im Aquarium pflegen. Grundsätzlich sollte man aber nur so viel Futter anbieten, wie innerhalb von zwei bis drei Stunden komplett gefressen wird. Lassen Sie sich nicht davon täuschen, dass Fische auch weiter nach Futter schnappen oder die Garnelen und Schnecken ständig im Becken unterwegs sind. Das ist ein ganz normales Verhalten und hat nichts mit einer Unterversorgung zu tun.

Fotos: D. Göbel

Fotos: F. Bitter

**Meine Fische haben weiße Pünktchen!**

Diese Einzeller sind häufige Schwächeparasiten, die immer dann auftreten, wenn der Besatz zu dicht ist, zu viel Stress, schlechte Ernährung, mindere Wasserqualität oder unpassende Wasserwerte vorliegen. Am besten die Fische gut und abwechslungsreich füttern, die Besatzdichte anpassen und schon beim geringsten Anzeichen der „Grieskörnchenkrankheit" alle zwei Tage 50 % des Wassers wechseln, so lange bis keine Pünktchen mehr zu sehen sind. Damit werden die Schwärmsporen deutlich reduziert und die Erreger sollten auch ohne Einsatz eines Medikaments verschwinden – allerdings sind sie fast immer und überall latent vorhanden und warten auf ihre Chance!

Foto: SXC

**Wie dosiere ich richtig bei unvermeidlichem Einsatz von Medikamenten?**

Bei so geringen Wassermengen ist die Anwendung immer problematisch. Ist sie unausweichlich, dann sollte immer ein „Prämix" angelegt werden, bei dem man die Dosierung für 100 Liter Becken in 0,5-1 Liter Wasser gut einrührt und von dieser Mischung die notwendige Menge ins Nano-Becken mittels Dosierspritze einbringt. Der Prämix kann im Kühlschrank einige Tage aufgehoben und für Folgebehandlungen eingesetzt werden.

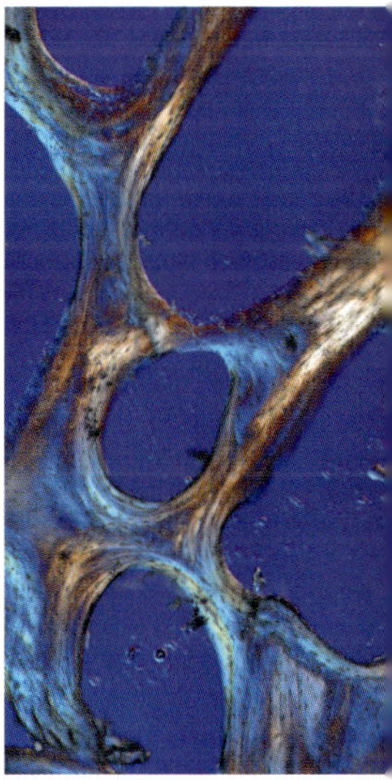

Foto: SXC

# Literatur- und Webtipps

## Zeitschrift

**caridina**, Garnele, Krebs & Co., Dähne Verlag

## Bücher

### Aquarientechnik

Hans Joachim Mayland, Das Aquarium: So funktioniert's, Dähne Verlag

### Garnelen

Carsten und Frank Logemann, Garnelenfibel, Dähne Verlag

Andreas Karge/Werner Klotz, Süßwassergarnelen aus aller Welt, Dähne Verlag

**Krebse**

Chris Lukhaup/Reinhard Pekny, Krebse im Aquarium, Dähne Verlag

Chris Lukhaup/Reinhard Pekny, Süßwasserkrebse aus aller Welt, Dähne Verlag

**Schnecken**

Friedrich Bitter, Schnecken-Fibel, Dähne Verlag

**Pflanzen**

Friedrich Bitter, Moos-Fibel, Dähne Verlag

# Weblinks

www.allesumdieschneck.de (Schnecken)
www.aquaristik-online.de (Aquaristik allgemein)
www.caridina.eu (Wirbellosen-Magazin)
www.crusta10.de (Wirbellose im Aquarium)
www.crustawelt.de (Forum über Wirbellose)
www.garnelenforum.de (Forum über Wirbellose)
www.nano-aquaristik.de (Forum über Nano-Aquaristik)
www.wirbellose.de (Wirbellose im Aquarium)
www.wirbellose.net (Forum über Wirbellose)